なぜ、100万円の治療器が飛ぶように売れるのか？

熱狂的ファンを生み出す
「ココロ力」の秘密

渕脇正勝
FUCHIWAKI MASAKATSU

幻冬舎 MC

なぜ、100万円の治療器が飛ぶように売れるのか?

熱狂的ファンを生み出す「ココロカ」の秘密

はじめに

治療器の体験会場を視察するために全国を飛び回る

私は、家庭用高電位治療器のメーカーであるココロカ株式会社の代表取締役社長です。会社のオフィスは東京にありますが、そのデスクに私が座っていられる時間はわずかしかありません。

なぜなら、1年のうち3分の1近く、私は日本全国を飛び回っているからです。

先日は、北陸地方のとあるホームセンターを訪れました。どこにでもあるようなチェーン店で、国道に面して立っています。その広い駐車場の一角に、私たちが設営した「ココロカスマイルプラザ」はあります。そこは、私たちが販売している家庭用高電位治療器の体験治療が受けられる、プロモーション会場です。

この駐車場の一角にスマイルプラザが設営されたのは、1カ月ほど前でした。最初は訪れる人もまばらだった会場ですが、口コミで評判が広がり、今では連日300名以上が集まって、1時間以上の順番待ちとなるほどの人気ぶりです。

スマイルプラザでは、一度体験をしたお客様の7〜8割が治療器の効果を感じ、何度も繰り返しいらっしゃいます。そのなかには、わざわざ隣の県から1時間以上かけて車を運転してきたり、電車に乗ってくる方もいるほどです。また、一家全員で来られる方も珍しくありません。

そうしてリピーターがどんどん増えていきますが、会場に設置された治療器の数には限りがあるため、連日行列ができてしまいます。

スマイルプラザ会場の運営は、アドバイザー（営業担当者）に完全にまかせているので、社長の私が手伝うことはありませんし、会場で「社長挨拶」のようなプログラムが予定されているわけでもありません。

では私がなんのために会場を訪れたのかというと、ルールどおりの運営・プロモーションがしっかりなされているか、改善すべき点がないか、お客様の反応はどうかなどを確認するためです。定期的にこうして現地を訪れて、さりげなくお客様に混ざりながら様子をチェックするようにしているのです。そして、どんな細かいことであっても、なんらかの課題が見つかればその日のうちにアドバイザーとミーティングをして、翌日からすぐに改善します。

「売ってくれ」と頼まれても売らないワケ

毎日のように会場にやって来て治療を受けている人のなかには、「体験して、効果があるのはよくわかった。すぐに家に置きたいから、今すぐ売ってほしい」とおっしゃるお客様も出てきます。

しかし、私たちは、あらかじめ決められた体験治療期間（1〜4カ月）が終了しない限り、原則的に治療器の販売はしません。「売ってくれ」と言われることはもちろんたいへん有り難いのですが、「申し訳ございませんが……」とお断りをするのです。

それは、私たちが販売している家庭用高電位治療器は、人の健康に影響を与え、大げさにいえば人の一生をも左右するような大きな力を持つ製品だからです。そのため、お客様がくれぐれも後悔しないように、十分過ぎるくらい十分に納得してからご購入いただくことが、私たちの基本方針なのです。それが長い目で見ればココロカ、ひいては家庭用高電位治療器業界全体の信頼性を高めることにつながると、私たちは信じています。

所定の体験治療期間が終了したあとに、いよいよ購入申し込み受付期間が始まります。私たちの高電位治療器の価格帯は100万円程度と、決して安価な商品ではありません。それにもかかわらず、購入受付開始後は、ほとんどの会場で、飛ぶように売れていきます。もちろんそのときによって差はありますが、多いときなら100台以上の治療器が、その場であっという間に売れてしまうのです。つまり、数千万円から億を超える売上金額が、どこにでもある町のホームセンターの一角で生み出されるのです。

お客様との信頼関係から生まれるもの

ココロカは創業32年目になりますが、こうして販売してきた家庭用高電位治療器は、累計6万台に及びます。それほど多くのお客様が私たちの商品を受け入れてくださったのです。その数字もとても誇らしいことですが、さらにうれしいのは、そのなかの少なくない数のお客様がココロカのファンになってくださり、10年、15年にわたる長いお付き合いを通して、商品の買い増しや買い替え、他のお客様のご紹介などもしてくださっていることです。

ココロカは、株式を上場しているわけでもなく、テレビCMを流しているわけでもありません。全国的に見ればほとんど知名度がない小さな会社です。そのココロカがどうしてこんなにも広く、長く、そして強くお客様に受け入れられているのか、不思議に思われる方もいらっしゃるでしょう。

そこで本書では、ココロカが家庭用高電位治療器の開発と販売を通してどのようにしてお客様からの信頼を勝ち得ているのか、ココロカのビジネスの特徴であるアドバイザーの育成方法、そして私が近年実施してきた経営改革までをご紹介していきます。

ココロカのやり方が必ずしもそのまま他の会社にも通用するわけではないでしょう。しかし、そのエッセンスを汲み取っていただければ、そこにはお客様との信頼関係作り、ひいてはファン作りといった部分で活用できるヒントがたくさん含まれているのではないかと思います。

はじめに

本書を執筆中の2020年春、コロナ禍が世界経済に多大なダメージを与えています。新聞には「需要蒸発」の文字が躍り、IMF（国際通貨基金）は1929年の世界大恐慌以来、最悪の経済危機に直面する可能性が高いと警鐘を鳴らし、中小企業の倒産件数はどんどん増え続けています。

私たちの会社もそうですが、物作りメーカーにとっては苦しい時代が続くかもしれません。しかし、そんな時代だからこそ、お客様と信頼で結ばれることの価値がますます高くなっていくのではないでしょうか。

読者の皆様が、そのためのヒントを多少なりとも本書から得ていただくことができたとすれば、著者としてこれに勝る喜びはありません。

目次

はじめに……2
治療器の体験会場を視察するために全国を飛び回る　2
「売ってくれ」と頼まれても売らないワケ　4
お客様との信頼関係から生まれるもの　5

第1章
たった1台の治療器が、人生を変える
現代において健康に不安のない人は少数派　16
平均寿命は長いが、健康寿命との差が大きいという問題　17
日本は認知症大国　20
自分の健康は自分で守るという意識は、まだ低い　21
西洋医学と東洋医学を使い分けていく　22
家庭用高電位治療器とは？　24

この製品で健康を広められるかもしれないという予感　25
「この治療器は人生を変える」という100%の確信　27
医学の限界に悩む医師たち　31
一流アスリートにも愛用されている高電位治療器　34
かつては悪徳商法の業者が存在した時代も　36
「キャンセル率0・1%」を生み出すもの　38

第2章

100万円の治療器が支持されるワケ
～「売らない営業」がもたらす信頼～

中古自動車が買えるくらいの価格の家庭用高電位治療器　42
企業ブランドを補ってあまりあるアドバイザーへの信頼　44
お客様からの信頼の獲得は簡単ではない　47
ネットやDM、テレアポでの販売はしない　50
店舗開発部隊が場所の目利き。年間100店以上を出店　53
Win-Winの関係で、店舗との長い お付き合いを続ける　57

彼を知り己を知れば百戦殆《あや》うからず　60
オープン前の7日間が成否を大きく左右する　64
最初は店長さん、チーフさん、スタッフさんたちとの関係作りから　65
お店のために行動をする姿で示す　68
周辺のお店などとは、「互恵性」の原理に基づく行動を重ねて信頼を築いていく　70
住民訪問は、断られ、疑われたときが信頼を得るためのスタート地点　73
否定されるほど〝宝物〟に近づいていく　76
その他の店外活動　78
紹介者をいかに増やすか、すべてはそこにかかっている　79
オープン初日から100名の集客を目指す　83
お客様の年齢層は幼いお子様から90代まで　85
第2の目標は、10日で100名の常連さんを作ること　86
会話のテクニックで常連さんを作るわけではない　89
お客様から、「一緒にイベントを作る仲間」に　92
お客様が増えすぎてしまうことも　96
しっかりしたアフターフォローで、地域全体と良好な関係を続ける　98

「売ってほしい」と頼まれてもお断りするとき　99
お客様とは信頼関係で結ばれながら、適度な距離を忘れない　102

コラム
ココロカさんとのお付き合いは「Win-Win-Win-Win」
株式会社東奥アドシステム　常務取締役　沢田幸彦氏　104

第3章

〝ダイヤの原石〟を採用し、トップアドバイザーに育てるノウハウ
～「人を引き込む対話力」を育む社員教育～

20代の社員が数多く活躍　110
新卒の採用率は6％程度　111
応募者の動機は、高い報酬と正当な評価、そしてやりがいある仕事　114
面接では「素の人柄」による適性を見極める　115
普通の会社なら〝即採用取り消し〟にも「ダイヤの原石」がある　121

面接が終わってから面接開始？　123
内定後も十分な「お見合い期間」を設けて、驚異的に低い退職率を実現　125
親御さんにお会いして誤解を解くことも　129
アドバイザーを育て上げるための育成体制　132
さまざまなツールでアドバイザーをサポート　135
プロモーション期間中は毎日電話に追われる　138
指導者に求められるもの　140
アドバイザーの３タイプ　142
指導者と指導を受ける側とのマッチングが非常に重要　144
興味がなくても『ワンピース』や『キングダム』を全巻読破　146
今よりも少し大きい器を用意させる　149
丁寧に細かく見て、細かく褒める　151
指導記録は、指導者にも部下にも大きな財産となる　154
コミッション制度でもお互いのノウハウを共有し合う　157
不毛な足の引っ張り合いよりもノウハウの共有で全員が幸せに　159
一流アドバイザーになるには自己投資が欠かせない　163

スランプで辞めたくなったときがアドバイザーのスタート地点　165
スランプを乗り越えたアドバイザーが、辞められなくなる理由　168
「卒業生」たちとの良好な関係　170

第4章

経営危機を乗り越え、3年で売上160%増を実現した方法
～使命感から実現した経営改革～

直近の売上高は約19億5000万円。4期で1・6倍の増収を達成　176
大学時代はゴルフ部でプロを目指すも挫折　178
ビジネスで一流になるため、OA機器販売会社に営業職で就職　182
叩きのめされた裏切りとそこから立ち直らせてくれた母の言葉　184
営業を辞め、建築会社で働く　186
〝フルコミ〟の営業会社で部下を育てる喜びを知る　188
断り続けていたココロカに入社したワケ　191
まったく売れなかったプロモーション。情けなさに震える　193

元同僚の言葉をヒントに開眼。「安定の渕脇」へ 194
6年間のアドバイザー業務のあと、研修業務で新人を育てる 197
採用やマネージャー業務も担当するように 199
ココロカへの感謝から、3代目社長へ就任 201
コミッション制度改革をはじめ、社内制度改革に着手 204
社内の裏切りを乗り越えて、V字回復へ 206

第5章

健康産業ナンバー1であり
社員幸福度ナンバー1の会社へ

ココロカ第2の創業期。目標は株式上場 210
新たな市場領域、事業分野の開拓 212
ココロカを広めることで世の中を幸せにしていく 215

おわりに …… 218

第1章

たった1台の治療器が、人生を変える

現代において健康に不安のない人は少数派

皆さんのなかで、「自分の健康には自信がある。心配はなにもない」と言い切れる人は決して多くはないでしょう。もちろん年代による違いはありますが、40代を超えると、健康への不安は急に増えてきますし、50代であればなにも不安のない方はほとんどいないと思います。

明治安田生命が２０１９年に実施した「『健康』に関するアンケート調査」によると、全世代を通じて約６割の人が「将来の自分の健康に不安を感じている」と回答しています。今は大きな症状はなくても「このままの生活で将来の健康は大丈夫なのだろうか」と不安を感じる人のほうが多数派だということです。

若い世代だと、体調面での不安はないかもしれませんが、メンタル面での不安を感じる方の割合は増えます。同調査では、20代、30代の６割以上がストレスや精神的な疲れを感じているという結果が出ています。

現代社会で生きている私たちは、不規則な生活リズムや栄養バランスの悪い食事、運動不足、喫煙や飲酒などの生活習慣により健康を脅かしてしまいがちです。

また、大気汚染や土壌汚染、農薬、食品添加物、さらに、職場や家庭での人間関係から生じるストレスなど、健康のリスクとなる生活環境とも無縁でいることはできません。

日本人の死亡原因の半分以上を占めている「生活習慣病」の発病には、文字通りこういった日々の生活習慣や生活環境が大いに関係しています。また、自律神経失調症や神経症、心身症など、身体的な原因がはっきりしない病気や、頭痛や肩こり、冷え性、倦怠感、めまい、不眠、便秘、下痢、関節の痛みなど、病名がつくような病気には至らないものの、確かに感じられる不調の症状＝「不定愁訴」も、やはり生活習慣や生活環境の影響が指摘されます。

平均寿命は長いが、健康寿命との差が大きいという問題

ご存じのように、日本は世界でも有数の長寿国家です。

日本人の平均寿命は、２０１８年9月時点の厚生労働省の調査で

女性：87・32歳

男性：81・25歳

で、女性は香港に次いで世界第2位、男性は香港、スイスに次いで世界第3位、男女全体では香港に次いで世界第2位の長寿国となっています。

多くの人が自分や自分の家族が、長生きしてほしいと願っているはずですから、長寿自体はもちろん喜ばしいことです。しかし、いくら寿命が長くても不健康で病気に苦しみながら暮らしている状態が長く続くことは、だれしも避けたいと考えるはずです。単に命があればいいというわけではなく、できればなるべく長く健康状態でありたいと願うのは当然のことです。

その観点から、近年では平均寿命よりも「健康寿命」に着目することが多くなりました。健康寿命は、ＷＨＯ（世界保健機関）が提唱した新しい指標で、「平均寿命から寝たきりや認知症など介護状態の期間を差し引いた期間」（厚生労働省）と定義されています。つまり、人に頼らず自立した生活をできる状態の期間が、健康寿命だといえます。

では、日本人の健康寿命はどれくらいなのか、厚生労働省調査による健康寿命の最新データ（２０１６年）では、

女性：74・79歳

男性：72・14歳

となっています。

これを男女それぞれの平均寿命との差で見ると、

女性：12・53年

男性：9・11年

です（調査年が異なるため、あくまで目安です）。

この平均寿命と健康寿命の差である9〜12年程度の期間は、いわゆる「寝たきり」「要介護」「認知症」などの状態で、自立した生活ができない期間となるわけです。もちろんこれは平均期間なので、もっと長い人もいればもっと短い人もいます。

皆さんは、9〜12年程度の期間、「寝たきり」「要介護」「認知症」などの状態となっているという数字を見て、「意外と長い年数を、認知症や要介護状態で過ごすのだな」と感じられる方が多いと思います。

自立した生活ができない期間が平均で9〜12年もあることを見れば、先に触れたように多くの人が将来の健康状態への不安を感じているという点も、決して杞憂ではないだろうといえます。

日本は認知症大国

日本人の平均寿命と健康寿命との差が大きいこととも関連していますが、日本では認知症の発症率も高くなっています。

２０２０年時点での日本における65歳以上の高齢者の認知症有病率は16・７％、約602万人で、６人に１人程度が認知症有病者だと推定されています（生命保険文化センター調べ）。

また、人口１０００人あたりの認知症罹患率の国際比較（ＯＥＣＤ〔経済協力開発機構〕加盟国）では、２０１５年の時点では日本はイタリアに次いで世界2位ですが、２０３５年にはダントツの１位になると予想されています（Japan Health Policy NOW〔JHPN〕「認知症」より）。

認知症にもさまざまなタイプがありますが、アルツハイマー型認知症や脳血管性認知症の場合、糖尿病や脳血管障害などとの関連も大きいとされます。糖尿病は生活習慣病の代表のようなものであり、生活習慣が間接的に認知症にも結びついています。

結局のところ、長年にわたる好ましくない生活習慣は心身にさまざまな不調をもたらし、その不調自体がストレス要因として加わりながら、中高年になったときには生活習慣病に結びつき、さらにはそれが認知症をも引き起こすようになります。

それを全体として俯瞰してみると、長い平均寿命と健康寿命との差、つまり認知症や要介護の状態が長く続く状態を生んでいるのだといえるでしょう。

自分の健康は自分で守るという意識は、まだ低い

国も、今後ますます進行する超高齢社会を明るく元気なものとしていくため、病気の早期発見や治療にとどまらず、積極的に健康を増進し、疾病を予防する「1次予防」に重点をおいた対策が必要であると考えています。

そこで、国民の健康の増進の総合的な推進を図るための基本的な方針「健康日本21」(21世紀における国民健康づくり運動)が策定され、そのなかでは「健康寿命の延伸」が大きな目的の一つとされており、種々の施策が取り組まれています。

1次予防や健康増進による健康寿命の延伸は、これからの超高齢社会を維持していくた

めに、重要な国家的課題だと考えられているのです。

ところが、「自分や家族の健康は自分の手で守る」という考え方をして、健康を維持し、健康寿命を延ばすために積極的な行動を取る人は、残念ながらまだまだ少数派です。健康には関心を持ち将来の病気への不安も抱えていながら、「病気になったら病院で診てもらえばいい」「多少の不調はあるけれども我慢して、悪化してから病院にいこう」と考えている人のほうが、まだまだ多数派なのです。

国の啓蒙活動もなかなか追いついていません。

西洋医学と東洋医学を使い分けていく

一方で、健康を維持していくうえでは、早期の治療や医療的なアプローチを受けることも欠かせません。ただし、高度に発展した現代の医療でも、予防や治療ができない病気や症状も多く残っています。

痛みをはじめ、めまい、不眠、コリ、便秘といった本人にはとても辛い症状が確かにあるのに、医学的に「これ」といった原因を特定できない場合には、自律神経失調症や不定愁訴といった診断名がつけられることもあります。これらの診断名は、要は「原因がはっきりしない不調」ということです。原因がよくわからないために、外科的な治療がなされることは少なく、投薬によってもなかなか改善しない場合が多くなります。

西洋医学で有効な対処法が見つからないような場合に、体や心の調子を全体的に整え、抵抗力や免疫力を上げることで、病気を防いでいくという東洋医学的なアプローチがとられることも多くあります。

鍼灸、整体など、昔からある東洋医学的な治療方法も含めて、標準的な医学以外の治療方法は「代替医療」とも呼ばれます。

西洋医学ではカバーできない範囲を、東洋医学的なアプローチで補うことで、心身の不調に苦しむ人々のQOL（Quality Of Life：生活の質）を高めることが期待できます。

また、東洋医学的なアプローチにより、人間の体が本来持っている自然治癒力を高めておくことで、西洋医学的な治療の効果をより高めることもできます。

つまり、西洋医学と東洋医学は対立するものではなく、それぞれ得意なところ、苦手なところがあり、相互に補うような関係にあるものなのです。

私たちココロカの主力商品である「家庭用高電位治療器」は、そのような考え方に基づいて開発してきた商品です。

家庭用高電位治療器とは？

ここで、家庭用高電位治療器（以下、高電位治療器）がどんなものなのかを簡単にご説明しておきます。

高電位治療器は、一般のご家庭で使われている100ボルトの電気を変圧し高電圧の電界を発生させて、その高電界のなかに身体を置くことで、さまざまな効果をもたらすというのが基本的なしくみです。

身体と治療器との間は絶縁シートで遮られているので、電流が直接身体に流れるわけではありません。ですから、ビリビリとしびれるような電気の刺激が与えられることもありません。あくまで高電界に包まれることによる身体の反応なので、例えて言うなら、お風呂上がりのような、身体がポカポカするようなやわらかい感覚が得られるのです。

高電位治療器の歴史を紐解くと、1928（昭和3）年、医学博士の原敏之氏が母親の持病を治療したいという思いから開発をスタートしたところに端を発し、90年以上の歴史を持っています。誕生当時は、現代の家庭用治療器のようなコンパクトなものではなく、医療施設の一部屋全体が治療室になっているような形でした。

その後、1963（昭和38）年には病院向けの治療器が、そして1968（昭和43）年には家庭用の治療器が、厚生省（現厚生労働省）の製造承認を受けています。

現在ココロカで製造、販売している主な製品は、いずれも管理医療機器クラスⅡに分類される治療器です。電位治療に加えて、温熱治療と低周波治療の機能を持つ製品や、電位治療に温熱治療のみの機能を備えた製品があります。

ちなみに、現在厚生労働省によって認可されている高電位治療器の最高出力は9000ボルト以下とされており、ココロカの商品も実効値で最高9000ボルトです。

この製品で健康を広められるかもしれないという予感

私は、35歳でココロカに入社しましたが、それ以前はまったく違う分野で営業の仕事をしていました。あるご縁があってココロカに入社したのですが、最初に高電位治療器のことを聞いたときは、正直にいえば「ちょっと怪しいんじゃないのかな？」と感じたものです。

私は、大学時代はシステム工学を専攻していた根っからの理系人間です。エンジニア的な思考が身についているため、非科学的、非合理的なものを頭から信じることができません。

私は尊敬している前職の先輩から、ココロカを紹介され転職を勧められました。先輩のことは心底尊敬していましたが、それはそれとして、扱っている商品の良さを自分自身が本当に信じることができなければ売っていくことはできませんし、転職などできるわけがありません。

そこで、まずは商品である家庭用高電位治療器について、論文を読んだりして、自分なりに徹底的に調べました。

そうしたところ、血液循環や体の調節機能に働きかけることで効果があることは確かだと考えられるようになってきました。治療器の効果については「二重盲検試験」という医学試験での有意な差も出ていることから、いわゆるプラシーボ効果（思い込みによる効果）ではないことも科学的に確認されています。

もちろん、自分でも実際に治療器を使わせてもらい、良いものだと実感することもできました。

ココロカの家庭用高電位治療器が、現代医学から取りこぼされて苦しんでいる人たちに安らぎと希望を与えられるものであり、そもそものような苦しみを生まないために備えられる商品であるとすれば、それを広めることは、社会的な意義が大きい、やりがいのある仕事ではないかと考えるようになったのです。

もちろん、転職を決めるに当たっては、市場の将来性や、働きをきちんと公正に評価してくれる社内制度といった面にも魅力を感じましたが、もっとも中心にあったのは、多くの人に健康を広めて喜ばれたいという動機でした。

とはいえ、ココロカに入社した時点では、まだそのような100%の確信があったわけではありません。正直にいえば、なんとなくぼんやりした〝予感〟くらいのものだったでしょう。

私のなかで、その予感が100%の確信に変わったのは、実際のプロモーション会場（宣伝・販売会場）で多くのお客様たちと接するようになってからです。

「この治療器は人生を変える」という100%の確信

私がココロカに入社後、はじめてアドバイザー（ココロカでは販売担当者のことをこう呼んでいます）としてプロモーション会場での販売を担当したのは、もう20年近く前になります。そこでの何人かのお客様との出会いは、私にとって本当に忘れられない衝撃的なものでした。当時の先輩アドバイザーからの話で、そういうことがあるというのは聞いてはいましたが、やはり話に聞くのと、実際に目の前にいるお客様とのやり取りで経験するのとでは、心に響く衝撃がまったく違います。

特に、今でもよく覚えているのは、次の3名のお客様です。

Aさん

Aさんは、50代の女性で、重いリウマチを患っていらっしゃいました。お話を聞くと、外で働くことはできないし、家事をしようにも痛くて手に力が入らず、雑巾を絞ることもできない。だから、ご主人が仕事をして家事もしてくれているということだったのです。最初にプロモーション会場にいらしたときには「主人のお荷物になっているだけの役立たずの身体で、生きている意味もない」とおっしゃっていたのです。

私は「そんなことを言ってはだめですよ。一緒にがんばりましょう」と励ましながら、連日治療器を使ってもらいました。しかし、私にとってそういうお客様と接するのははじめてのことでしたし、果たして本当に効果が出るのか、正直にいえば半信半疑だったのです。

ところが驚いたことに、Aさんはプロモーション会場に通っている期間中に手の痛みがどんどん軽くなっていき、「今日は掃除機がかけられた」「今日は雑巾が絞れた」と、本当にうれしそうにボロボロ泣きながら教えてくれるようになったのです。

私は「それは良かったですね」と言ってAさんの手を握り、顔には出しませんでしたが、内心では「なんだこの治療器、すごいじゃないか」と驚いていたのです。

Bさん

Bさんは20代の女性でしたが、片目を失明していて、もう片方の目の視力も失いそうなほど悪化していました。

ある朝、プロモーション会場に行くとBさんとご両親、ご兄弟5人が揃って私が来るのを待っていたのです。私は「なにかクレームだろうか?」と思ってお話をうかがうと、「こちらに通うようになって娘の視力が上がってきました」と言われたのです。「医師にも『奇跡だ』と言われました。本当にありがとうございます」と。

お礼を言うためにご家族でいらしていたのです。このときも、私は本当に感心しました。身体がもともと持っている自然治癒力を上げたということだったのでしょうが、本当に人によってさまざまな効果が表れるものなのだなと感じました。

Cさん

熱心にプロモーション会場に通われていたCさんからは、娘さんが双子の赤ちゃんを出産されたと聞きました。「良かったですね。おめでとうございます」と声をかけたら、Cさんが泣きながら話をしてくれました。

産まれた双子のうち一人が、発育不良のような身体の小さい子で、血行が悪いので肌の色も悪くて、医師から「たぶんこの子は長くもたないでしょうから、覚悟したほうがいい」と告げられていました。

そのご家庭は、娘さんたちも双子で、結婚したお相手の方も双子という不思議な縁があるご家庭だったのですが、Cさんいわく「不思議なのよ。姉が怪我すると妹も怪我するの」と、双子の運命みたいなものを信じていらっしゃいました。

そこでCさんは泣きながら、私に「たぶん双子の運命からしたら、一人の子が助からなかったら、もう一人の子も助からないような気がする。なんとかなりませんか」と言われたのです。

そう言われて、私もそのときに自分にできることをするしかありませんから、「じゃあ、まず温熱治療で赤ちゃんを包み込んであげてください。それからお母さんと一緒に電気にもかかってください」と話して、治療器を使っていただくようにしました。そうしたら、奇跡的に赤ちゃんの命が助かったのです。

もちろん、治療器の効果だけで助かったのかどうかは、わかりません。でも、Cさんと娘さんには大変感謝されて、それから毎年年賀状もいただいていました。

Aさん、Bさん、Cさんは、特に印象に残っている例に過ぎません。似たような喜びの声や感謝の声を、各プロモーション会場にいらした多くのお客様から実際に聞いてきました。まさに「人生を変える治療器なのだ」と思い知らされたのです。

そういった体験を重ねるなかで、最初はぼんやりした予感に過ぎなかった、「この治療器はたくさんの人の人生を良い方向に変えるものであり、この仕事は多くの人に健康を広めて喜ばれるものだ」という想いが、100%の確信に変わっていったのです。

医学の限界に悩む医師たち

予感が確信に変わっていったもう一つの重要な契機が、プロモーション会場に来てくださったり、患者さんに治療器を勧めてくださったりした、多くの医師の存在でした。

医師のなかには、高電位治療器を頭から否定なさる方もいます。ご自分の患者さんに「あんなものを使ってはいけないよ」といったことをおっしゃる方も少なくないようです。それはそれで、その先生の医学的な信念に基づいた一つのオピニオンであり、私はそれを否定できる立場ではありません。

しかし、私たちのプロモーション会場に熱心に通われて、治療器を購入してくださる医師がたくさんいらっしゃることもまた事実です。ご自分の患者さんにも勧めてくださる先生も少なくないですし、なかには会場まで患者さんを連れてきてくださる先生もいます。

ある先生は、プロモーション会場の案内ポスターを、わざわざ病院の掲示板に貼り、患者さんに宣伝してくださいました。

リウマチの患者さんを診ている先生や看護師さんが多く来てくださった会場もありました。リウマチは、現代医学をもってしても完治させることがなかなか難しい病気です。患者さんは激しい痛みを感じたり日常生活にも不自由したりすることが多くて、大変苦しむのですが、その患者さんを前にして、治療の効果がなかなか出ないことで悩まれる先生も多いのです。

また、リウマチに限らず現代の医学では投薬が欠かせませんが、投薬にはどうしても副作用がつきものです。もちろん、主作用と副作用の最適なバランスを考慮して処方されるわけですが、人によっては副作用が強く出て、それによってかえってＱＯＬが下がってしまうこともあります。

真剣に患者さんのことを考えている真面目な先生ほど、そういった限界や難しさについて悩まれるようです。

ですから、私たちの治療器を使われた患者さんが、完治はしないまでも症状が緩解したり、体調が良くなって薬の量を以前より減らせるようになったりしたと知ると、先生たちにとても関心を持っていただけるのです。治療器によって患者さんの体調が良くなり、投薬量を減らせれば副作用も減らせます。それがさらに回復につながるという好循環が生まれるのです。よく勉強なさっていて、患者さんのことを真剣に考えている先生ほど、患者さんに私たちの治療器を勧めてくださることがありました。

そして、そういう先生は患者さんに勧めるだけではなく、ご自身でも購入して使っていただくケースも多いのです。

医師にしろ看護師にしろ、医療のお仕事は身体的にもハードですし、苦しむ患者さんと常に触れ合い、その人生を左右するわけですから、メンタル的にもとても大変です。

そのようなハードな仕事をしているなかで、「医者の不養生」ではないですが、ご自分の心身に疲労が蓄積していく方が少なくないようです。

そういう先生方や看護師さんが、私たちの治療器によって、ご自身の身体をケアなさって、また翌日から患者さんに全力で医療サービスを提供される。医療のプロフェッショナルである医師に選ばれ、いわば、間接的に医療を支える役割を果たしているという事実も、先に述べた私の「100％の確信」を支えていきました。

一流アスリートにも愛用されている高電位治療器

今までご説明したエピソードから、高電位治療器について、
・生活習慣病などのリスクが高くなる中高年のためのもの
・現代医学では解決しにくい不調を抱えている人のためのもの
といったイメージを持たれた読者がいらっしゃるかもしれません。

確かに、そういった方々に高電位治療器は数多く愛用されています。しかし、決してそういった方たちの専用治療器というわけではありません。

今は若くて健康な身体の方でも、将来不調を招かないため、予防的に治療器を利用する

価値は大いにあるのです。

例えば自動車は、新車でどこも調子が悪くないときから丁寧なメンテナンスをしていたほうが、調子よく走る期間が長くなり、大きな故障も起こしにくくなります。人の身体もそれと似ていて、若くてどこも不調を感じないうちから、気を使ってメンテナンスをしておくことで、大きな病気を招くことを防ぎやすくなるのです。身体の特定の部位に強い作用を及ぼすのではなく、全身に働きかけて自然治癒力を高める高電位治療器だからこそ、そのような予防的な使い方が可能になるのです。

そのことは、ココロカの高電位治療器が、長年多くの一流のアスリートたちに愛用されていることからも証明されているでしょう。

世界レベルで戦うアスリートたちは、常人以上に頑強な身体を持っています。しかし、その酷使の度合いもまた常人以上であるため、身体のメンテナンスには非常に気を使われています。わずかな疲労も残さず、常に最高のコンディションでトレーニングを続けるために、高電位治療器を利用しているアスリートの方が多くいるのです。

例えば、女子レスリングの選手やバスケットボールの選手などが体調管理のために高電位治療器を活用しています。

かつては悪徳商法の業者が存在した時代も

ココロカは1989年の創業です。創業時の社名はバイオテック株式会社で、2005年に現社名に変更しました。私が入社したのは2000年だったので、まだ旧社名のときでした。

社名もそうですが、当時は家庭用高電位治療器に対する世間の見方も、今とはだいぶ違っていました。家庭用高電位治療器を販売していたのは、ココロカ以外にも数社ありましたが、業界の一部では「売上至上主義」の風潮が残っており、お客様の不信を招くような強引な売り方をしている同業他社があったことも事実です。

販売会場にお客様を集め、最初は安価な商品を提示して「これが○円だったらほしい人は手を挙げて」と質問し、お客様に「はい」「はい」と手を挙げさせて、「じゃあ、こっちの商品が○円だったら?」と繰り返し、最終的に高額な商品を売りつける、いわゆる「はいはい商法」と呼ばれるような、お年寄りをだます手口を使う業者もいたのです。

そういった業者は、ある地域で短期間に強引な販売活動を行い、悪評が広まる前に、また別の地域に移って同じことを繰り返すというやり方で営業をしていました。

高電位治療器は頭痛、肩こり、慢性便秘、不眠症への効果が認められていますが、身体の仕組みとしていうなら身体が本来持っている自然治癒力を高めることで、さまざまな症状の改善に期待されるものだと思います。そのため、薬のようにだれにでも同じ効果が出るものではありません。また、1回使ったらすぐに効くというように即効性があるものでもありません。つまり、効果がわかるまでにある程度時間がかかるものなのです。

その一方で、治療器の販売価格は、多くの人にとって決して気軽に購入できるほど安価ではありません。

そのため、効果を確信できない人にまで強引に売りつけるようなことがあると、仮にそのときの売上が立ったとしても、あとあとまで悪評が残り、その販売会社だけではなく高電位治療器そのものへの不信が植えつけられて、結局は治療器業界全体が縮小してしまうことは明らかです。

「せっかく人を幸せにできる可能性に満ちた治療器が、そんなふうにして日陰者扱いにされてしまうのはあまりにも不幸なことだ」。そのような想いから、ココロカでは創業当初から、地域に密着してお客様に治療器の良さを実感してもらい、本当に納得してもらった人だけに購入していただくという販売手法をとってきました。

そのかいもあり、現在では、高電位治療器の主要メーカーはホームヘルス機器協会に加盟するなどして業界の健全化を図っており、昔のような乱暴な売り方をする業者はいなくなっています。

「キャンセル率0・1％」を生み出すもの

ココロカでは、焼き畑農業のように「売ったらあとは知らない」というやり方ではなく、むしろ「買っていただいてからが本当のお客様」だと考え、10年、20年というスパンでお客様のサポート、お付き合いを続けています。

そのときになによりも大切になるのが、アドバイザーの人間性を信頼していただいて、ご購入いただいている点です。販売員とお客様という関係性だけにとどまらない、一人の人間と人間との信頼関係が形成されているからこそ、納得してご購入いただけるし、また、長い期間のお付き合いが可能になるのです。

創業以来、ココロカの治療器の販売台数は約6万台です。そのなかで、納品後のキャンセル率はわずか0・1％程度、1000件に1件程度しかキャンセルはありません。

ココロカが販売している治療器は、特定商取引法におけるクーリングオフの対象には該当していません。しかし、私たちは、製品には絶対の自信を持っているため、独自にクーリングオフ相当の売買契約解除制度を設けています。

それにもかかわらず、キャンセル率が非常に低いことは、製品自体の品質の良さは当然の前提として、治療器の効果や機能に完全に納得していただいてからご購入いただいていること、販売後も知らんぷりではなく末永くサポートをさせていただいていること、そしてなによりも、アドバイザーへの厚い信頼と人間関係から生み出されているものだと自負しています。

では、そのアドバイザーがどのようにしてお客様との関係を築き信頼を勝ち得ているのか、それを次章でご説明していきます。

第2章

100万円の治療器が支持されるワケ

～「売らない営業」がもたらす信頼～

中古自動車が買えるくらいの価格の家庭用高電位治療器

ココロカの現在の主力商品である高電位治療器の販売価格は、オプションの組み合わせによって、100万円程度になります。ざっくりいって、中古自動車が買えるくらいの価格帯です。

はじめて家庭用高電位治療器という商品を知った方だと、この価格帯を「高い」と感じられるかもしれません。しかし、私たちはこの価格帯が「高い」とは考えていません。また、私たちから治療器を購入していただくお客様からも「高い」というお声をいただくことは、まずありません。

例えば、自動車の機能が必要であり、自動車を所有することで支払った価格に見合う便益をもたらしてくれるのだと思えば、自動車を買おうとするでしょう。

その際に、ミニバンとワゴンなど異なる車種や、異なるクラスの車を比べて、価格が「高い・安い」という比較検討をすることはあるでしょう。あるいは、同一車種同一クラスでも、あるメーカーと他のメーカーを比べてどちらのメーカーのほうが「高い・安い」という感じ方をすることもあるかもしれません。

しかし、自動車の購入を検討する際「テレビより高い」とか「マンションより安い」といった価格比較はしないはずです。機能やもたらす便益が異なる商品を比べても無意味だからです。

高電位治療器も、その機能を理解して必要だと思い、治療器がもたらしてくれる健康の維持増強や、心身の安楽といった便益が価格と見合うと思われたお客様がご購入されます。そのときに、他の商品などと比較した基準で高いとか安いとかいうことは無意味なのはあきらかでしょう。

また、別の観点として、「便益をもたらしてくれる期間がどれくらいなのか」という考え方をするお客様もいます。中古自動車なら、多くの方は5年を目処に買い換えるでしょう。１００万円で5年間の便益を享受できるなら、年間20万円、月にすれば1万７０００円弱です。それくらいの支払いで、自動車にいつでも乗れるという便益を得られるのなら満足できると思う人が、自動車を購入するわけです。

一方、私たちが販売する高電位治療器は、壊れたり消耗したりしやすい可動部分がほとんどないため、通常15～30年は愛用いただいているお客様もたくさんいます（製品保証期間は3年間）。１００万円で購入して、仮に10年間使うとすれば1年間で10万円、１カ月では８３００円程度です。その程度の負担で、健康の維持増強や心身の安楽といった便益が得られるのであればむしろ安いじゃないかと納得される方のほうが多数派です。

とはいえ、１００万円という価格帯は、例えば一般的な会社員の給与水準などを基準とするなら、高額商品であることには間違いなく、普通は気軽に買える商品ではないことも、また事実です。

企業ブランドを補ってあまりあるアドバイザーへの信頼

ココロカは決して大企業ではありません。株式を上場しているわけでもありませんし、テレビやラジオでコマーシャルを流しているわけでもありません。正直、会社の全国的な知名度という点では、平凡な中小企業の一つだといえるでしょう。

そのため、例えばソニーやトヨタのように、会社の名前だけで消費者の方に信頼を与えられる強力なブランド力は、当然ありません。

製品は決して気軽に購入できる価格帯ではないし、会社は大企業のような知名度もない……。製品を販売するには不利な条件ばかりのように思えます。

それにもかかわらず、ココロカの治療器は、創業から約30年にわたって、総計で6万台も売れ続けています。また、ミクロな視点から見ると、アドバイザー（営業担当者）のなかには、一人で年間100台、200台という数の治療器を販売する者もいます。マクロで見ても、ミクロで見ても、小さな1メーカーが作っている高額商品という特性から考えれば、「飛ぶように売れている」といっても過言ではないでしょう。

いったい、どうしてそんなことが可能になったのでしょうか。

それは結論からいうと、ココロカのアドバイザー全員が、〝一人の人間〟として、お客様との深い信頼関係を築いてきたからに他なりません。

その信頼関係とは、究極的にはお客様に、

「あなたから買いたい」

と思っていただけること。そして、

「売ってくれて、ありがとう」

と感謝していただけること、これに尽きます。

あえて〝極端〟にいうなら、製品は二の次で、会社は三の次なのです。「渕脇さん、あなたが勧めるから買うんだよ」と言っていただける関係を、すべてのアドバイザーが、6

万人のお客様と築いてきたことが、私たちの会社を支えているのです。

　もちろん、お客様の信頼に応えるためには、製品の品質にわずかたりとも不十分なところがあってはなりません。それだけ信頼されているお客様に対してだからこそ万全な商品を届ける必要があります。不十分な製品を届けることなど、アドバイザーの人間としての良心が耐えられません。また、長い間サポートを続けていける会社の体制も重要です。ご購入いただいた翌年に会社が消えていたとなったら、これ以上の裏切りはありません。

　したがって、「製品は二の次、会社は三の次」というのはものの例えで、品質の確かさや、しっかりした会社の存続体制も必要不可欠な要素であることは間違いありません。トータルで信頼にお応えできる仕組みがなければ、一時的にはともかく、30年にわたって売れ続けることは不可能です。

　しかし、「なぜ売れるのか」というクエスチョンに対する答えを、一言で言うとしたなら、やはり「アドバイザーとお客様との信頼関係」というアンサーが第一に挙げられるものとなるでしょう。

お客様からの信頼の獲得は簡単ではない

多くの企業が「お客様との信頼関係を築く」といった言葉を、企業理念や目標として掲げていることでしょう。

それを単なるお題目として掲げることは簡単です。しかし心からの信頼を得ることは、決して簡単ではありません。世のなかに無数にある企業のうち、「○○さんだから（この会社だから）買った」「売ってくれてありがとう」とお客様から言われている企業、それも1回や2回のことではなく、20年、30年にわたって言われ続けているケースは決して多くないでしょう。

実際、私たちもお客様からの信頼を簡単に得ているわけではありません。

ココロカという会社も、高電位治療器という製品も、そしてアドバイザーのこともそれまでまったくご存じなかったお客様に、ゼロベースからお話を聞いていただくようになるだけでも大変なことです。そこからさらに、信頼関係を築いていくのは、並大抵のことではありません。

また、健康関連商品に対する全般的な傾向として、「どうせインチキ商品だろ」「だまして売りつけるんでしょう」と、はなから疑いの気持ちを持っている方も、世間には少なくないのです。なかには親切心から、「あなたは、会社にだまされているのよ。そんな仕事お辞めなさい」と、アドバイザーに忠告してくださる方すらいます。

その意味で、ゼロならまだましで、むしろマイナスからのスタートだと感じるような状況も、よくあるのです。

ゼロあるいはマイナス地点からのスタートで信頼を得ていくことは、言葉だけでは不可能です。「私を信頼してください」と1万回言っても無駄なのです。

例えて言うなら、選挙のときに「わたくし〇〇は、市民の皆さんのために一生懸命働きます。ぜひ清き1票をお願いします」と、選挙カーのスピーカーで1万回連呼されても、それで「よし、この人に投票しよう」と思う有権者が皆無なのと同じです。投票に行く人は、実際にその候補者がなにをしてきたのか、これからなにをしてくれるのかという「行動」を基準にして判断するはずです。

アドバイザーもそれと同じで言葉に行動が伴っていなければ、決して信頼を得ることはできません。

そこに必要なのは、小手先のテクニックではありません。一人の人間として、お客様一

第2章

100万円の治療器が支持されるワケ

～「売らない営業」がもたらす信頼～

人ひとりの人間性に対してどう向き合うのか、その姿勢が問われます。

一言で言うなら、アドバイザーの「心の本質」が問われるのです。

心の本質からお客様と向き合う姿勢は、多くの場合、簡単に身につけられるものではありません。だからこそ、その姿勢をしっかりと身につけることができれば、それはアドバイザー自身が長い人生を生きていくに当たっての、(言い方が適切かどうかは別ですが)このうえない〝武器〟となるはずです。

私はよく、若い社員たちに「ココロカで営業の姿勢をしっかり身につければ、これからどんな仕事だって成功できる。婚活だって思いのままだよ」と言います。心の本質を磨き、相手に対してそれをしっかり伝える姿勢と作法は、仕事であっても、仕事以外のプライベートであっても、人とかかわるうえでもっとも大切なことだからです。

実際、新卒で私たちの会社に入社して、一定期間働いてお金を貯め、その後ココロカを「卒業」していったアドバイザーたちには、自分でビジネスを興したり、あるいはアートなど他の分野に転身したりして大成功を収めている人が少なからずいます。

私たちは、ココロカを退社していくことを、ココロカからの「卒業」と呼んでいます。それは社員の退社が、会社と社員との決別ではないと考えているからです。社員の皆さんがココロカで学んでもらったことを基本として新たなステージで活躍してもらったうえで、新しい関係性を築く転機だと考えています。ですから、「卒業生」たちの成功は私個人としても非常にうれしいものです。そしてその成功は、手前味噌ながら、ココロカでの厳しい経験を乗り越えることができたからこそ得られたものなのではないかと、自負しています。

ココロカでの人材教育・育成などについては、第3章でまた触れるとして、本章では、どのような信条と行動を通じて、アドバイザーがお客様から信頼を得ているのかをご説明します。

ネットやDM、テレアポでの販売はしない

高額商品の販売方法として、古くからあるのは、ダイレクトメールやテレアポ（電話営業）によるプッシュ型の営業です。また、最近は、多くの商品がインターネットでオンライン販売されています。高額商品でも、ネット販売されているものはありますし、ネットで直接販売はしていなくても、ランディングページと呼ばれる集客用のＷｅｂサイトを

作って、SEO対策やネット広告によってそこに見込み客を集める方法もよく用いられています。

一方、私たちココロカでは、創業以来、販売方法を会場での体験販売のみとしています。テスト的にネット販売を試みたことがありましたが、やはり会場販売には劣るということで、今では行っていません。

高電位治療器は、テレビや電子レンジのように、一般に普及しその機能や効果が広く知られている商品ではありません。そのため、治療器のスペック（機能）や、デザイン、ブランドイメージ、流行といった要素を訴える販売活動ではあまり奏功しないのです。

私たちの製品が、心身にどれだけ効果をもたらすのか、まずは実際の体験を通じて知っていただくことが一番なのです。しかし、食品や消耗品のように「試供品」を配るわけにもいきません。

そこで私たちは、高電位治療器の利用ができる施設（プロモーション会場）を全国に設けて、そこでお客様に一定期間、実際に高電位治療器による体験治療を受けていただき、納得していただいた方にだけご購入いただくという販売方法をとっています。このプロモーション会場のことを、私たちは「スマイルプラザ」と呼んでいます。

スマイルプラザは、1年間に全国の約100カ所の会場で、平均3～4カ月の期間限定で出店します。47都道府県なので、単純計算では1都道府県あたり平均2カ所程度ですが、実際には地域によって出店頻度は異なります。しかし北海道から沖縄まで、全国にほぼまんべんなく出店しています。

出店場所は基本的にショッピングセンターさんや、いわゆるGMS（総合スーパーマーケット）さん、ホームセンターさんなど、既存の大型商業施設のテナントスペース、あるいは建物内や駐車場の空きスペースなどです。

出店する商業施設は、例えば、イトーヨーカドーさん、イオンさん、平和堂さん、ドン・キホーテUNYさん、コメリさん、ハローズさん、といった上場企業をはじめ、全国各地にある地場のスーパーマーケットチェーンさんなどさまざまな商業施設でスペースをお借りしています。

以前は、商店街の空き店舗や空き地を借りて設置する会場もありましたが、現在ではそれはわずかで大半は商業施設の一部分をお借りする形にしています。

ちなみに、家庭用高電位治療器業界にはいくつかのメーカーがありますが、同業他社の多くも、ココロカ同様のプロモーション会場方式を主な販売方法としています。

しかし、業界のなかでも、これだけ多くの商業施設にプロモーション会場を展開できているのは、おそらくココロカだけだと思います。その理由は、一度出店した店舗さんからのご好評をいただき、同じチェーンの店舗を継続して利用させていただけるためです。

また、商業施設の業界は組合などで横のつながりが強いのですが、私たちが一度出店させてもらったチェーンの店長さんに、他のチェーンの店長さんをご紹介いただくこともあります。

こうして、2019年時点で、スマイルプラザは累計1800店舗以上の商業施設に出店しました。

店舗開発部隊が場所の目利き。年間100店以上を出店

私たちの年間販売計画は、エリア戦略と出店計画から始まります。出店計画は主に店舗開発課が担当しています。

店舗開発課は日本全国の担当エリアを回って、以前に出店した小売店さんにご挨拶したり、新しく出店できそうなお店を開拓したりします。新規開拓では、お付き合いのある小売店さんに「どこか新しい店舗はできましたか」と聞いて紹介してもらうこともあれば、

飛び込みで営業することもあります。

その際に、店舗規模がただ大きいというだけではだめで、スマイルプラザにあった集客の具合や立地があり、その見極めが重要です。それを店舗開発課の人間が現場を目で見て確認し、また市場調査をして「売れそうなお店」の候補を開拓していきます。

また、マネージャーからの依頼による開拓もあります。先にも触れましたが、ココロカでは営業担当者を「アドバイザー」と呼んでいます。そのアドバイザーたちを管理しているのがマネージャーです。

アドバイザーの個性はさまざまです。販売の実力の違いは、もちろんあります。本来の実力以外に、そのときの調子の良し悪しに左右される面もあります。また、お店の種類やプロモーション会場に対する適性もあります。お店にはスーパーやホームセンターなどの種類があり、会場にはテナント、パーティションで区切った売場の一角、駐車場の仮設建物などさまざまな形があります。広さは狭いところで5坪から、広いところで40坪程度まであります。

アドバイザーによっては、スーパーは得意だけど、ホームセンターは苦手とか、売場は得意だけど、仮設建物は苦手、狭い会場より広い会場のほうが得意、といった違いがあるのです。

さらには、アドバイザーごとに強い地方、弱い地方もあります。

当然ながら、販売の実力があったり、上り調子だったりするアドバイザーには、なるべく大きくて得意なタイプの地域や会場を割り当てるほうが良いわけです。

そこでマネージャーは、アドバイザーの実力や個性を把握したうえで、「○○さんに担当させるために、東北地方で、これくらいの規模で、こういうタイプの会場で出店できる店舗さんを探してほしい」と、店舗開発課に依頼します。店舗開発課では、その依頼に沿ったお店を探していきます。

基本的には、マネージャーがまずアドバイザーを把握し、そのアドバイザーに対して仕事（会場）を割り当てていくイメージです。

一つのプロモーション会場は基本的に3カ月単位で運営され、アドバイザーは通常、年に2会場を担当します。アドバイザー各員の状況と、店舗開発の状況をすり合わせながら、アドバイザーがもっとも効率的に働けるようなスケジュールを考えて、年間100～110件程度の出店計画を立てていきます。

また、出店が決まったあとには、プロモーション会場の設営をしますが、その会場設営も基本的に店舗開発課の仕事となります。お客様と直接接するアドバイザーと違って、店舗開発課は裏方ではありますが、アドバイザーが気持ち良くお客様に接することができるよう、お膳立てをする重要な役割を担っているのです。

なお、商業施設との出店交渉は、基本的にチェーン本部と行い、チェーン本部に対して、〇〇県〇〇市の〇〇店にいつからいつまで出店させてほしいと依頼します。

しかし逆に、チェーン本部のほうから、どこどこのお店にいついつ出店してもらえないだろうかと打診が入る場合もあります。

また、チェーンによっては店長さんが決裁権を有している場合もあり、店長さんから直接連絡が入り「うちの店に来ませんか」と誘致されることもあります。先にも述べたように、一度出店させてもらった店舗の店長さんから「以前評判が良かったので、また今回も」とご連絡いただいたり、あるチェーンの店長さんが、別のチェーンの店長さんやスーパーバイザーさんにご紹介してくださって、ご連絡をいただいたりすることもよくあります。

ココロカが商業施設に本格的に出店させていただくようになったのは2000年ごろからです。当初は、高電位治療器業界に対するイメージがあまり良くなかったこともあって、商業施設への出店は少数でした。また、こちらからお願いして出店させていただくことがほとんどでした。

しかし、これから述べるようなＷｉｎ－Ｗｉｎの関係を、時間をかけて築いていった結果、現在では多くのチェーン本部さんや店舗さんから出店のお誘いをいただくようにまでなりました。

Ｗｉｎ－Ｗｉｎの関係で、店舗との長いお付き合いを続ける

私たちは賃料を払って出店するわけですが、店舗さんにとってデメリットが大きいとなれば、再度の出店はお断りされてしまうでしょう。例えば、ある企業がイベントを開催したことで、店舗や本部に苦情がたくさん届くようなことがあれば、いくら賃料を支払うといっても、再度の出店はほぼ不可能になります。

どんな関係でもそうですが、互いにメリットがあるいわゆる「Ｗｉｎ－Ｗｉｎ」あるいは共存共栄の関係がなければ、長いお付き合いを続けることはできません。

そこで私たちは、最低でも苦情が店舗に届くようなことは絶対にないように細心の注意を払ってプロモーション会場を運営します。またそれだけではなく、なるべく店舗さんに

もメリットが生じてお役に立てることを心がけています。

実際、多くの店舗さんにおいて、スマイルプラザの開催期間中、店舗さんの来客数や売上金額が増加する傾向が見られます。

また私たちのお客様が、店舗のアンケート用紙に「スマイルプラザに通って体調が良くなりました。ココロカさんを呼んでくれてありがとう」といったことを書いてくださる場合もよくあります。来客数や売上金額だけではなく、顧客満足度や顧客ロイヤルティの向上効果も多分に生じます。

スマイルプラザは、高電位治療器の宣伝（プロモーション）が目的の会場ではありますが、実際にお客様に高電位治療器を利用してもらい、そこで効果を実感してもらう場でもあります。つまり、ただ展示して宣伝をするだけの場ではなく、健康イベント催事場とでも言うべき施設になります。イベント効果で人の賑わいが生じ、それがさらに多くの人を集めるのです。これで来客数や売上の増加に寄与する部分があります。

また、スマイルプラザに来場されるお客様は、身体の悩みを解決するために定期的に通われている方が少なくありません。開催期間を通じて、治療院に通うようにスマイルプラザに通われるのです。そのため、スマイルプラザにいらした方のうち、3～4割の方は、いわゆるリピーターとして、開催期間中何度も通ってこられます。なかには、最初は自分だけで来場していたのに、リピートを重ねるうちに、ご夫婦、親子、ご近所のお友達などを誘い連れだって来られる方もいらっしゃいます。

つまり、スマイルプラザ開催期間の最初は店舗さんが主目的でスマイルプラザはついでというお客様が多いのですが、開催日数を重ねるごとに主従が逆転し、だんだんとスマイルプラザを主な目的として訪れてくださる方が増え、人が人を呼ぶようになります。そのお客様たちが店舗さんへも来店してくれるのです。

しかも、私たちのお客様は、店舗さんの通常の商圏よりも広い範囲から訪れてくださる方が少なくありません。

皆さんも、日常の買い物と病院や治療院への通院を比べれば、通院のほうがずっと遠くまで通われると思います。いい病院や治療院があると聞いて、電車や車で遠方まで通院されている方もいらっしゃるでしょう。私たちのスマイルプラザもそれと同じで、はるか遠方から来てくださる方も少なくないのです。そういう方も、店舗さんにとっては、新規の顧客になります。

さらに、私たちはプロモーション会場で、自然な話の流れのなかで、お客様に対して意識的に店舗さんの利用を推すようにしています。

例えば、「夕食のおかずは◯◯スーパーさんで買っていってくださいね」といった一言を必ず伝えます。

あるいは、施設のテナントとしてメガネ屋さんが入っていたとしたら、視力に変化が出てくることで、メガネが合わなくなってきたという人にはそのメガネ屋さんを紹介するとか、カバン屋さんや旅行ショップのテナントがあれば、体調が良くなって、長い間行けなかった旅行に行ってみようかなという話が出たとき、あそこでカバンを選ぶといいですよ、とつけ加えるとか、そういった形です。

私たちは店舗さんの集客力を頼もしく思ってはいますが、それに頼るだけではなく、互いにメリットのあるＷｉｎ－Ｗｉｎの関係を築くことを常に心がけてきました。そのため、「うちは、高電位治療器のメーカーでは、ココロカさんだけに貸しているよ」と言ってくださる店舗さんやチェーンさんがたくさんあるのです。

彼を知り己を知れば百戦殆《あや》うからず

一つの店舗さんでスマイルプラザが開催される期間で、多いのは3～4カ月間です。市場調査などとの兼ね合いによっては、1カ月程度の短期間開催や6カ月くらいの長期間開催もありますが、最近はあまり長期間の開催はしなくなり、3カ月開催が中心になっています。

本書では、現在主流である3カ月開催の例でご説明していきます。

アドバイザーは各スマイルプラザの店長のような存在で、開催期間中、会場を管理しプロモーションや宣伝・営業活動などを行います。

一つの会場は、基本的に一人のアドバイザーで運営していきます。ただ、アシスタントがつくことはあります。正規のアドバイザーにはなっていないアシスタントのことを「育成メンバー」と呼んでいます。育成メンバーが、OJTを兼ねて会場にアシスタントに入ることもありますが、基本的にはアドバイザーが一人で運営します。いわばアドバイザーは各プロモーション会場の「一人店長」です。

年間100カ所で行われるプロモーション会場のなかには、計画以上に大成功する会場もあれば、計画での想定に届かない会場も出てきます。その成否は、例えば天候など、外部の不確定要素も影響を与えるので運不運の要素も多少はありますが、基本的には「一人店長」であるアドバイザー個人の力量や3カ月間どれだけ努力をしたかに、比例してきます。

プロモーションの成否をわけるアドバイザー活動のなかでも、かなり（もしかしたらもっとも）重要なのが、実際に会場をオープンするまでの事前準備だと私は考えています。

「彼を知り己を知れば百戦殆《あや》うからず」

この有名な孫子の兵法は、戦う前に、敵軍と自軍の状況を把握しておく情報戦の重要性を説いています。私たちがスマイルプラザを展開する地域は、もちろん「敵」ではありませんが、攻略していく相手であり、それを知るための情報が非常に重要です。

そこで会場を割り当てられたアドバイザーは、まずその担当エリアについて徹底的に調べます。地域の歴史や主要産業、特産物、交通網などから、年齢構成、どんな病気が多いのかなど、多くの資料に当たってさまざまな角度から地域のデータを把握します。

また、地域によって、外交的だとか、一見シャイだけど打ち解けるとすごく親身になってくれるとか、いわゆる「県民性」「地域性」といった心情の違いがあるので、もちろんそれらも可能な限り調べておきます。そういう事前情報を多く集めておけばおくほど、地域に溶け込みやすくなります。

適切な言葉がないので「県民性」と書きましたが、実際には「県」という単位は、比較的最近になって人為的に作られた部分があるので、県よりももっと小さな単位、昔の「藩」とか「郷」、あるいはそれを反映した市町村といったエリアの単位で共同性が形成され、同じ県内でも大きく異なっていることもよくあります。

例えば、私がアドバイザーをしていたときには、こんな経験がありました。

岡山県の東岡山の会場でなにかの話をしていたときに、「東京からはじめて来ましたが、岡山にはいいところが多いですよね。今度、倉敷に行こうと思ってるんですよ」と、軽い雑談で話したところ、会場のお客様の雰囲気がちょっと悪くなったのです。

不思議に思って、会場を閉めたあとで店舗のスタッフさんに聞いてみると、「やべぇよ、お兄ちゃん。岡山市と倉敷は仲があまり良くないんだよ。そういうことを知らないでやっちゃダメよ」と叱られたのです。

こういう人情の機微は、その地元で育った人でないとなかなかわからないのですが、今はネット検索である程度調べることができます。また、ココロカの店舗開発課でも各地域のデータを蓄積しており、アドバイザーに会場が割り当てられると、店舗開発課からも情報が渡されます。

人はだれしも、自分のことをよく知っていてくれる人には親近感を持つもの。お客様の信頼を得るための情報戦は、東京にいるときから始まっているのです。

オープン前の7日間が成否を大きく左右する

プロモーション会場のオープン1週間くらい前になると、いよいよアドバイザーたちは各自担当の現地に向かいます。会場近くのマンスリーマンションやアパートを借りて現地生活がスタートするのです。会場の開催期間は基本約1カ月から始まり、集客が順調な場合は、3〜4カ月程度になることもあります。期間限定とはいえ、その地で実際に暮らして生活を営むことも、地域の人たちからの信頼を得るために必要な要素です。

ちなみに、アドバイザーの現地生活は基本的に単身赴任ですが、新婚の場合や、お子さんがまだ小さい場合などには、夫婦や家族全員で現地入りして暮らすこともあります。アドバイザーの仕事は忙しく過酷な面もあるので、心身共に支えてくれるパートナーがそばにいることで良い成果に結びつくことが多いのです。

アドバイザーが現地入りしてから会場がオープンするまでの7日間の準備期間は、プロモーションの成否をわける、もっとも重要な時期だといえます。

この時期にアドバイザーが行うのは、主に、

（1）店内活動（店長さん、チーフ（部門責任者）さん、スタッフさんなどとの関係作りと会場作り）
（2）周辺店舗活動（施設内の他テナントさん、近隣商店さんなどとの関係作り）
（3）地域住民活動

となります。一人でこれだけのことをしなければならないので、準備期間中は非常に多忙です。

最初は店長さん、チーフさん、スタッフさんたちとの関係作りから

（1）店内活動（店長さん、チーフさん、スタッフさんなどとの関係作りと会場作り）

現地入りしたアドバイザーが最初に行うのは、出店させていただく商業施設への挨拶です。店長さんやチーフの皆さんに挨拶をして、スマイルプラザの趣旨やこれからの活動予定、自分の役割などを理解していただき、打ち合わせをします。なかでも、店長さんとのしっかりした信頼関係を築くことは非常に重要です。

店長さんは、スマイルプラザの開催を受け入れていただいているのですから、基本的に

は協力的に接していただけます。ただしお忙しいことが多いので、実際の対応は副店長さんや、各現場のチーフ（部門責任者）の方に任せられる場合もあります。いずれにしても、現場のリーダーの方に私たちの仕事を理解していただき、協力を得ることが第1にやるべきことです。

店長さんや副店長さんには、店内のチーフさんやスタッフさんだけではなく、施設内の他のテナントさん、あるいは近隣のお店などにも紹介をお願いします。また、店長さんは、地域の自治会長さんや商店会長さんなど、いわゆる地元の有力者、キーマンと呼ばれる人たちと親しくしている場合も多いので、そういう方をご紹介いただいてご挨拶にうかがうこともあります。

権限を持つ方の協力をとりつけることと同じくらいに、現場で働くスタッフの皆さんの理解を得ることも重要です。店舗にいらっしゃるお客様とじかに接しているのは現場のスタッフの方たちだからです。

その方たちが、例えばお客様にスマイルプラザのことを聞かれたとき、肯定的に反応して勧めてくださるのと、否定的あるいは無関心な反応をされるのとでは、会場集客に天と地ほどの差が生じます。

そこでスタッフさんの休憩時間には、アドバイザーも休憩室で一緒に休憩をとりながら挨拶をしたりして、スタッフさんたちとの関係を築いていきます。例えば50人のスタッフさんがいるお店なら、いきなり全員と親しくなることはできませんが、一人か二人は、気の合いそうな人が見つかるものです。まずその人と一緒に昼食をとったりして親しくなっていき、それから仲間のスタッフさんを紹介してもらったりして、徐々に顔を売っていくのです。

また、スマイルプラザの正式オープンの前に、スタッフの方たちには、高電位治療器をデモンストレーションで経験していただきます。実際の会場のプログラムに沿った形で、こんなふうにしてプロモーションをするんですよ、と体験してもらうのです。

スタッフさんの多くは立ち仕事で、肉体的になかなかハードな業務を日々行っています。そのため、高電位治療器を使うことで血行が良くなると、身体の疲れやコリがとれるといった効果をすぐに実感していただけることが多いのです。自分が実際に使ってみて良い感触が得られれば、お客様にも実感をもって勧めていただけます。

店長さんがスタッフさんに「身体が楽になるから使いなよ」と推奨してくださることがよくあります。言うまでもなく、スタッフさんに元気で働いていただくことは店舗にとっても重要なので、治療器の利用を勧めていただけるのです。

また、正式オープン後も、最初のうちはそんなに大混雑することはないのが普通なので、スタッフさんにはどんどん利用してもらいます。むしろスタッフさんの〝第2休憩所〟のような感じで使ってもらって、いつも笑い声や活気があふれている雰囲気になっているほうが、集客的にも良い効果が生じるのです。

お店のために行動をする姿で示す

アドバイザーは、店長さんやスタッフさんとの関係を作りつつ、同時に、治療器や椅子の搬入など、スマイルプラザ会場の内部設営作業も進めていきます。

また、ノボリを立てたり、宣伝ポップを置かせてもらう場所の確認や、店内放送でいつ、どんな案内をしてもらうとか、場合によってはレジの方に会計の際にチラシを渡してもらうとか、そういう店内での販促の内容についても詰めていきます。

かなり忙しく店内を動き回るわけですが、その際に決して「自分（スマイルプラザ）のことだけを考えない」ことが、信頼作りの重要なポイントです。

例えば、ゴミが落ちていたら、必ず拾ってゴミ箱に捨てる、ショッピングカートが乱れているのに気づいたら整頓する、困っていそうなお客様がいらしたらスタッフさんを呼んであげる、少し手が空いたときは店の周りや駐車場の掃除をする、お客様には常に元気に挨拶するなど、自分ができることで「お店のメリットになること」を積極的に探して「常に」実行するのです。

ちなみに、事前準備期間の2日目以降の朝は、必ず店舗の開店時間よりかなり前に到着して、店舗周辺、駐車場、さらには近隣のお店の周辺などを徹底的に掃除してまわります。スマイルプラザのオープン後も近隣清掃は続けますが、ここにプロモーション会場の準備などが加わります。

この「常に」というのがポイントで、「今はだれかが見ているからやろう。今は見られていないからやらない」といった気持ちでは、絶対に失敗します。なぜなら、店内、あるいはその地域においてアドバイザーは、最初は〝よそ者〟だからです。人は、よそ者の動きというのは、見ていないようでしっかり見ているものです。

裏表なく、常にお店のために行動している姿が信頼作りの土台となります。泥くさいようですが、言葉よりも簡単な行動を続けることが大切です。

周辺のお店などとは、「互恵性」の原理に基づく行動を重ねて信頼を築いていく

(2) 周辺店舗活動(施設内の他テナントさん、近隣商店さんなどとの関係作り)

店舗が大型ショッピングセンターの場合、メインのスーパーマーケットなど以外にもさまざまなテナントさんが営業しています。またスーパーマーケットでも、クリーニング店などがテナントとして営業していることもよくあります。これらのテナントさんにも挨拶回りをして、可能であればポスターなどを貼らせてもらいます。

さらに、会場となる店舗近隣のお店にも挨拶をして回ります。特に重要なのは、長くその地に根づいて営業し地元のお客様とのつながりが強い飲食店、居酒屋、喫茶店、美容室、理容室などです。これらのお店では、店主さんとお客様の会話が生じることも多いため、店主さんにスマイルプラザを受け入れてもらえると、話のなかで紹介していただけることも多くあります。

プロモーション会場が盛り上がってくると、多いときで1日に1000人くらいのお客様が来場するので、地域にもよりますが、そのエリアの普段よりも混雑が生じます。あら

かじめ、周辺のお店さんにご挨拶しておくとともに、スマイルプラザの告知をしてポスターを貼らせてもらうなどのお願いをして回ります。近隣に多くの来客があり、人が集まることは、周辺店舗さんにとっても基本的には悪いことではありません。ですから単なる挨拶ではなく、地域でご商売をなさっている皆さんと、共存共栄を図りたいという思いを真剣に伝えれば理解を得られやすくなります。

その際に、テナントさんや周辺店舗さんの種類によっては、アドバイザー自身がそのお店を積極的に利用することも大切です。例えば、毎朝店舗開店前に行っている周辺の清掃活動の前後に、喫茶店でモーニングセットをいただく、夜は居酒屋やレストランでお酒をいただく、プロモーション会場の休日（開催店舗の休日）には、ランチを食べたり、散髪をしたり、洋服を買ったりするなど、近隣のお店をなるべく利用します。

社会学や文化人類学には「互恵性（互酬性）の原理」という考え方があります。これは、相手からなにかメリットのあることをしてもらったら、それを返すような気持ちが自然と働くという意味です。例えば、冠婚葬祭でなにか贈り物をいただいた際は、通常「お返し」をします。自分が年賀状を出していない相手から年賀状が届いたら、「返信をしよう」と思います。このように、相手からなにか自分のためになることをしてもらったときに、一方的にされっぱなしのままになるのではなく、お返しをしたほうが気持ちいいと感じられる。これが「互恵性の原理」です。

そこで、単に口先で共存共栄というだけではなく、小さなことであっても、まずなにか相手に実際にメリットを与える行動を取ることが、ポイントです。すると相手は互恵性の原理によってなにかしなければと（無意識かもしれませんが）感じてくれます。

そして、相手がなにかを返してくれたら、例えば、お店にチラシを貼ってくれたり、自分のお店のお客様にスマイルプラザを紹介してくれたりしたら、こちらもまた、それに対してお返しをします。

プロモーションの準備期間から、そういう「行動」を欠かさずに繰り返すことで、プロモーション期間を通じて徐々に厚い信頼が形成されていくのです。

そういった行動を続けているうちに、アドバイザーに興味を持って「お兄さん、毎日一生懸命あちこち回ってるけど、どんな会社なの？」「治療器ってどんなものなの？」などと聞いてくださる店主さんが出てきます。そういう方に対しては、スマイルプラザの趣旨やココロカのことなどをお話しさせてもらって、いわば「事前プロモーション」を行います。すると「それでこんなに人集めに飛び回っているのね」と納得してくれます。

お店などを経営している方は、お客様を集めることの大変さや、営業活動の苦労などをご自身がよく知っています。そのため、共感を持っていただきやすい面があり「親しいお客様に声をかけていただけませんか」とお願いすると、「いいよ、任せておきな」と請け合ってくださることもよくあります。すると、その方がいわば〝宣伝部長〟のような存在になり、次々とお客様を呼び込んでくださるようになることもあります。

住民訪問は、断られ、疑われたときが信頼を得るためのスタート地点

(3) 地域住民活動

これは、近隣に住む皆様へスマイルプラザの告知活動を進めていきます。

具体的には、会場周辺の住宅を訪問してチラシをお渡しし、「今度こういうイベントをやるので、よかったら来てください」と案内をしていきます。

(1)や(2)の活動とあわせて行うので時間は限られますが、準備期間のなかで少ない日でも100軒、多い日では300軒くらいのお宅を訪問します。基本的に、会場から近隣の一定範囲内にある住居はすべて訪問するようにしています。この、まんべんなく訪問するのが大切なことで、なぜなら最終的には「地域のすべてを味方につける」のが成功の

法則だからです。「隣にはチラシが入ったのにうちには来なかった」とか「知らせてもらえなかったので、最初から通えなかった」といった不満が出ると、全体を味方につけることができません。それを防ぐ意味もあり、まんべんなく訪問するのです。

とはいえ、いきなり知らない営業員に訪問されるのですから、拒否反応を示す人も少なくありません。それは当然のことです。そこで私はアドバイザーには「断られるのが仕事だよ」と言います。

まず「断られて」次に「疑われる」。そこがスタート地点になるというのが私の考え方です。

いらないよ、と断られても、さらに熱心に説明を続けると、「会社にだまされているんじゃないか」とか「カネの亡者だろ」とか、「お前は洗脳されているんだよ」などと、ひどい言葉で疑われることや、否定されることもあります。

普通ならそこで諦めるのかもしれませんが、私はむしろそうなったときこそチャンスであり、そんなふうに強く否定する人ほど、実はあとになると熱心なお客様になってくれることが多いと感じています。

今の世の中で、使命感を持って正面から自分の職務に取り組み、常に一生懸命になっている人の姿は、なかなか見られません。適当に楽して働き、そこそこの暮らしができればいいと考える人が圧倒的な多数派でしょう。むしろ「楽をして稼ぐ方法やズルく手抜きをする方法を知っている人のほうが、賢く優れた人間だ」とみなされる風潮さえあります。

そういう世間の風潮を知っているお客様が全力で仕事に取り組むアドバイザーの姿を見たとき、「今どき、こんなふうに熱心に働く若者がいるわけない」と感じて、心の中に「認知的不協和」が生じます。

認知的不協和とは社会心理学用語で、簡単に言うと、人が矛盾する事実を同時に認識している状態や、そのときに感じる不快感のことです。

通常の会社では考えられないくらいに一生懸命に働くアドバイザーの姿を見たお客様は、「今どきこんなふうに働く人間が目の前にいるわけがない」という気持ちと、「こんなふうに一生懸命働く人がいてほしい」という気持ちとの間に認知的不協和が生じます。そしてアドバイザーが「だまされている」とか「洗脳されている」という解釈によって、その不協和を解決しようとするのです。つまり、否定して疑う気持ちは、一生懸命真面目に働くことこそ正しいことであり、そういう人がいてほしいという気持ちの裏返しだともいえるのです。

そのため、最初に激しく否定して疑うような人ほど、アドバイザーがぶれずに一生懸命自分の仕事を続けている姿を見ると、「誤解していた」と思い、「お前は他の連中とは違うな」と信頼してくださるようになります。そして、ひとたび信頼していただければ、むしろ積極的に応援や協力をしてくださるようになるのです。

自分が誤解してひどいことを言ってしまったという、少し後ろめたいような気持ちがあるため、その反動から、より熱心に応援してくださる方も少なくありません。そしてスマイルプラザのオープン後には、他の方への紹介者になってくださることもあります。

このように、断られて、否定されるところがスタート地点で、そこからどれだけぶれずに続けられるのかが、信頼を得るための勝負なのです。

否定されるほど〝宝物〟に近づいていく

とはいえ、お客様から否定的なことを言われたり、疑われたり、ときには怒鳴られたりすることもあるのは、アドバイザーにとって辛く苦しいことには違いありません。人間ですから、そういう対応を受ければ気持ちが凹むことも当然あります。その凹んだ気持ちを再び膨らませてくれるのが「宝物探し」という考え方です。

たくさんのお客様と接していると、なかにはとてもいい人がいるのです。「あなたいつもがんばって道路をお掃除しているわね。ありがとう」と言ってくださったり、「よそから来て大変だな。がんばれよ」などと励ましてくださったり、手を差し伸べてくださる方たちです。もちろん、アドバイザーが地道に仕事をしていることが前提ですが、最初から応援してくださる有り難いお客様のことを私は「宝物」と呼び、特に大切にしています。

統計をとっているわけではないので、何パーセントとはっきりはいえませんが、経験的な感覚では、どこの地域、どこの町でも、だいたい50～100人に一人の割合で、そういう方がいらっしゃいます。そういう方に巡り会うと、凹んでいた気持ちも一気に膨らんで、今まで以上にがんばることができるのです。

ですから私は、断られることが続いて少し凹んでいるアドバイザーには、「良かったね」と言うのです。「良かったね。一定の割合で『宝物』と出会えるから、今日断られたぶんだけ、『宝物』との出会いに近づいたね」と。

その他の店外活動

お店や住宅の他に、地域の公園や広場、あるいは公民館なども大切な訪問先です。そういう場所では、地域の人たちが集まって例えばゲートボールやグランドゴルフなどのスポーツをしていたり、ダンスやコーラスなどさまざまなサークル活動をしたりしています。そのようにたくさんの人が集まっているところでチラシを配ったり、スマイルプラザの説明をすれば効率的な告知ができます。

その際、例えば開催店舗で働いているスタッフさんやそのご家族、お友達がそういったサークルなどで活動していたりすることもあるので、スタッフさんと仲良くなったら、あらかじめ情報を聞き出しておいたり、場合によっては紹介してもらうことも有効です。

また、会場周辺に大きな工場、施設、学校や役所などがある場合も、ご挨拶にうかがいます。

こうしたコミュニティでは、一人か二人の来場者があると、そこから口コミが広がって、たくさんのお客様に来てもらえることが多いのです。そのためには、コミュニティのトップの立場にある人と親しくなるのが効果的です。ただし、トップに近い立場の人ほど、一見ではなかなか会うこともかないませんので、その場合は開催店舗の店長さんなどの紹介を得て訪問するか、受付の方にお願いしてチラシだけ貼らせてもらうといった対応にとどめます。

ポイントは、開催店舗の周辺で人がたくさん集まっているところには、とにかく顔を出してアピールする、ということです。

紹介者をいかに増やすか、すべてはそこにかかっている

準備期間のアドバイザーの主な活動についてご説明してきました。(1)～(3)のいずれにおいても「紹介」が重要なキーワードになっていることに気づかれたかもしれません。紹介によって得られた関係の種は、プロモーション期間中にどんどん成長してやがて大きな果実を実らせてくれます。

まず、店長さんには、店舗のチーフ（部門責任者）さんやスタッフさんを紹介していただきます。また、他のテナントさん、近隣のお店さん、さらには地元の有力者の方たちなどをご紹介いただくこともあります。そういう方とスムーズに良い関係を築くには、紹介

があるのとないのとでは大違いです。

一方、店舗のスタッフさんのなかには、店長さんよりもずっと長く働いており、他のスタッフさんへの影響力も強いリーダー格の人が一人か二人いらっしゃることがあります。全国チェーン店の場合は、店長さんが数年で異動になることが多いのに対して、地元に住むスタッフの方は10年以上働くことも珍しくないからです。レジ打ちのパート女性のなかに、そういう古参スタッフがいる場合もあります。

そのようなキーパーソンの信頼を得ることで、他のスタッフさんをご紹介いただければ、店舗全体が味方になってくれたようなものです。そうなれば、レジでチラシを渡していただいたり、問い合わせがあったときには肯定的に勧めてくださったりします。

もちろん、スタッフの方たち自身が治療器を体験して、効果を実感していただければ、ご家族やお友達にご紹介いただけることもあります。

施設内の他テナントさんや近隣店舗の店長さんが、お客様にスマイルプラザを紹介していただけると非常に強力です。特に地元に長く根づいていて、かつお客様の滞在時間が長くて、スタッフとお客様との間に会話や交流が多い業態（喫茶店、居酒屋、レストラン、美容室・理容室など）では、店長さんや店員さんが良いと思ったイベントは、積極的に紹介してくださいます。ここでも、単にチラシを見て情報を知るのと、知人からの紹介で知るのとでは、お客様が来場する確率は異なり、大きく上昇します。

アドバイザーは、一人店長であり、プロモーション期間中なんでも自分でやらなければならないので、非常に多忙です。そのなかで、効率良く多くのお客様にスマイルプラザの良さ、高電位治療器のメリットを伝えていくには、紹介の連鎖を作ることが重要です。

アドバイザーにとって、来場していただけるお客様一人ひとりは、同じように大切で、同じように体調が良くなっていただきたいと考えています。しかしその良さやメリットをより多くの人に知っていただくためにも、紹介をしていただける人は非常にありがたいのです。

逆に言うと、人は自分が本当に「良い」「優れている」と思った物事は、他人にも紹介したくなるものです。それは、有名な料理店紹介の口コミサイトなどを見ればわかります。お店から頼まれているわけではないのに、「このお店の特製ラーメンは絶品です。ラーメン好きの方ならぜひ一度味わってみてください」などと、熱い気持ちがこもった推奨コメントを書いている人が無数にいらっしゃいます。

なぜわざわざ手間をかけてサイトに書き込んでまで〝お勧め〟をするのかといえば、それを読んだ人から「あのお店おいしかった。紹介してくれてありがとう」と喜んでもらえれば、人の役に立ったことで、紹介者の気持ちは大いに満たされるという理由が大きいでしょう。つまり〝承認欲求〟です。

社会を形成しなければ生活できない人間にとって、「人の役に立ちたい。そのことで周囲の人から認められたい」という前向きで健全な承認欲求は、必要不可欠なものです。この例なら、それがあることにより、多くの人がおいしいラーメンを食べられるようになります。また、ラーメン店さんも宣伝してもらうことによってお客様が増えますし、より良いラーメンを作ろうというモチベーションもアップするでしょう。

どんなビジネスでも同じでしょうが、紹介してくれる人の多寡は、ビジネスの成果に大きな影響を与えます。そのため、私たちアドバイザーも紹介者作りに腐心します。

実際のところは、私たちの高電位治療器をプロモーション会場で体験して、本当にそれが良いと感じたお客様は、どんどん周りの人に紹介してくれるようになります。

しかし、まだ実際にプロモーションが始まっていない準備期間には、治療器の効果を実感していただくことはできません。

そこで準備期間では、アドバイザー自身が「商品」となるしかないのです。

開催店舗周辺をくまなく訪問して回って挨拶を重ねていく、店舗周辺や近隣のお店周辺なども含めて、毎日掃除やゴミ拾いを続ける、店舗ではカートの片付けなどできる範囲の手伝いをし、お客様に気持ちのいい挨拶をするといった、それ自体は地道であまり面白みのない、愚直な行動です。

しかしそういった行動を裏表なく、毎日徹底的に続けていくことでしか、信頼を得ることはできないのです。

そして、会場オープン後は、アドバイザーは会場に入っている時間が多くなるため、店舗外や近隣で活動できる時間は激減します。だからこそ、オープン前の7日間を、いかに徹底的に行動できるかが勝負のわかれ目になるのです。

オープン初日から100名の集客を目指す

こうして準備期間を終えると、いよいよオープン初日を迎えます。オープン前夜は緊張して眠れないアドバイザーもいます。なぜなら、プロモーションの開催期間のなかでも最初の1週間～10日間がもっとも重要な期間となるからです。

例えば、皆さんの近所に新しくラーメン店がオープンするときのことを考えてみてください。オープン日から毎日混雑して行列ができていたら「人気のある店なんだな。近いうちに食べてみよう」と思うでしょう。逆に、オープンして2週間経っても3週間経ってもガラガラの状態だったら、「おいしくないのかな?」と思い、あまり行く気にはならないはずです。このように人間は、他の人に人気があり、人が集まっているところに興味を持つ習性があります。スマイルプラザも、最初の1週間~10日間で、「なんだかいつもガラガラだな。人気ないみたいだな」という印象を与えてしまっては大失敗になります。

そこで初日から一定の集客を目指します。地域や会場によって多少上下もありますが、標準的には「1日100人」が目標になります。

逆に言うと、アドバイザーは、初日から100人が集まるように準備期間の集客活動をしなければならないということです。

初日は特に重要なので、賑わいを出すために景品プレゼントや野菜つかみ取りなどのオープニングイベントを実施します。これらのプレゼント景品などは、もちろん開催店舗さんから購入させてもらう形として、店舗さんへのメリットを考えることは忘れません。

また、プロモーション期間中、集客状況に応じて、随時追加イベントも実施します。

お客様の年齢層は幼いお子様から90代まで

ちなみに、プロモーション時におけるアドバイザーのファッションは、スーツにネクタイといったビジネス系ではなく、「COCOROCA」とロゴの入った赤いスポーティーなシャツのユニフォームで統一しています。これは、活動性や親しみやすさを重視しているためです。

お客様との会話でも、基本的にアドバイザーは、お客様を苗字ではなく「太郎さん」「花子さん」などと下のお名前でお呼びします（それを嫌がる方は苗字でお呼びします）。口調も、B to Bのビジネスシーンのような改まった言葉遣いではなく、かなりカジュアルで親しみを込めた話し方をするのが基本です。

これは、最終的にはお客様に一緒にイベントを作る仲間になっていただきたいという考えからです。

さらに、「リブ太郎」という、親しみやすいワンちゃんのキャラクターを設定して、販促グッズを作ったり、ノボリやチラシのイラストに使っていることも、高電位治療器業界、健康器具業界では珍しいことです。なぜなら、こういった健康器具は高齢者を主なターゲットにするというのが、業界の常識だったからです。しかし、ココロカでは幼いお子様から90代のお年寄りまで、すべての年代の方がお客様だと考えているため、このようなキャラクターも設定しています。

もちろん、お子様が自分で高電位治療器を購入することはありませんが、ご家族の一員として、ご両親と一緒に使っていただきたいからです。

第1章でも述べたように、高電位治療器は全身に働きかけて調子を整える製品です。したがって、どこか体に悪いところがあるときに使ってもいいのですが、どこも悪くないうちに、悪くならないためのメンテナンスという考え方で使っていただくことでも効果を発揮します。

その意味で、お子様を含めた家族全員がお客様だと考えているのです。

第2の目標は、10日で100名の常連さんを作ること

1回のプロモーションは基本的に20分間です。お客様の入れ替えの時間を含めると、も

う少しかかるので、１時間で約3回弱、プロモーションを実施できます。

１日の開催時間は朝10時から夜７時までで、途中で１時間の休憩時間をはさむので８時間の開催となります。すると、１席が３回×８時間で１日24回転できることになります。ただ、実際はお客様の入れ替え時など、多少ロスタイムも生じるので、最大でも22回転くらいです。

オープン当初はもう少し余裕を見て、20回転くらいを目処とします。

６席が20回転すれば１２０人のお客様に体験していただけます。実際には、最初からそこまでびっちりお客様が途切れずにいらっしゃることはないので、先に述べた「１００名」が目標となるわけです。１００名のお客様にいらしていただけば、だいたいまんべんなく「いつも埋まっているな」という感じになります。これが70〜80人くらいしか集客できないと、かなり空席が目立つ感じになって、流行らないラーメン店のように印象が悪くなります。

そのため、アドバイザーはなんとしても１００名を集めたいのです。

逆にお客様がたくさん集まっていただける場合もあります。22回転できたとしても、６席×22回＝１３２名ですから、１５０人以上集まるようだと席を増やさないとすべてのお客様には体験していただけなくなります。ところが、たまたまある日だけお客様が多いということもあるので、判断が難しくなります。150名の日があって、席を増やしたはいいけれど、次の日から100名に戻ってしまったら、かえって「ガラガラ」の悪印象を生んでしまいます。

このように、座席の数一つとっても、いままでのデータと経験とによる、微妙な調整の上に成り立っているのです。

お客様は、1回限りで来なくなってしまう方と、繰り返し来場するリピート顧客になっていただける方とにわかれます。何度もリピートしてくださるお客様を、私たちは親しみを込めて「常連さん」とか「ベテランさん」と呼んでいます。なお、平均のリピート率はだいたい40%くらいです。

アドバイザーの最初の目標は1日100名の集客ですが、次の目標は開催から10日間で、100名の常連さんを作ることです。

1日で100名の常連さんを作ることを続けられれば、1カ月では300名の常連さんになります。これができれば、最初の1クール目は、まず成功だといえます。

3カ月のプロモーション期間が、同じように続いていくとお客様も飽きてくるので、区切りをつけるため、2つか3つのクール（期間）にわけて実施します。

そのクールがすべて終わったあとで、購入申し込みの期間が10日間～2週間ほど設けられます。

最初の1クールで300人の常連さんが作れれば、最終的には少なくとも1日500名、多ければ1日1000人の集客になることもあります。こうなればそのプロモーション会場は大成功です。こういう大会場になると、さすがにアドバイザー一人ですべてこなすのは不可能なので、二名程度アシスタント（育成メンバー）をつけることが普通です。

会話のテクニックで常連さんを作るわけではない

アドバイザーは一人でも多くのお客様に熱心な常連さんになってリピートしていただけるように、日々のプロモーションに取り組みます。

常連さんになっていただくためには、まず高電位治療器自体の良さや効果を実感していただかなくてはなりません。これは当然の前提です。しかしそれだけではありません。なぜなら、なかには、2、3回はリピートして「治療器で効果あったよ。ありがとう。治ったからもう来ないね」と言って去ってしまうお客様もいるからです。高電位治療器の良さを実感できることは、それがなければ常連さんにはならないという意味で「必要条件」ではありますが、それを満たせば常連さんになってもらえるという「十分条件」ではないのです。

実際は、熱心に通ってくださる常連さんは、アドバイザーとの交流を楽しみにしている方、もっといえば、アドバイザーに人間として惚れこんでくださっている方がほとんどです。高電位治療器で体が楽になることに加えて、

「○○君が一生懸命励ましてくれるから、それがうれしくて通うんだ」

「○○さんが必死でがんばっている姿を見ると応援したくなるのよ」

そういった理由からまずリピートしてくださる方が、大半です。いわば「応援意識」です。

そこからさらに進んで、こんな良いものを体験させてくれる素晴らしい場なのだから、自分もこの場を盛り上げる一員になりたいという「仲間意識」が生じています。

応援意識は、繰り返し述べてきたように、準備期間から行動を通じて地域や住民の皆さんに貢献したいという気持ちを示してきたこと、また、プロモーション期間も人間としてお客様のお役に立ちたいという気持ちを、汗だくになって表現してきたこと、お客様と一緒に喜んだり、励ましたりしてきたこと、そういったことの蓄積からしか生まれません。

ココロカのなかでこれからアドバイザーを目指す研修生や、お客様から、「アドバイザーが常連さんをつかむには、会話のテクニックが大切なんですよね？」とか「営業トークが上手いアドバイザーがお客様をたくさん集めるんでしょう？」と言われることがあります。

これらは完全に誤解です。

どんな業態の営業でも同じだと思いますが、いわゆるクロージング（販売契約）の段階になると、トークの巧拙は多少成果に影響します。

しかし、会場への集客や常連さん作りの段階では、会話のテクニックといったことはほとんど関係なく、一生懸命にお客様に向き合っていく、生身の人間性のような部分のほうがずっと重要なのです。

それを強く実感したのは、こんなことがあったためです。

私は、アドバイザーの仕事ぶりや会場の様子をチェックするために、たまに〝お忍び〟でお客様のふりをして、スマイルプラザ会場に座っていることがあります。

あるとき、会場で隣に座っていた女性が、アドバイザーの話に「うんうん」とうなずきながらとても熱心に聞いていたので、ころ合いを見計らって話しかけてみました。

「◯◯さん（アドバイザーの名前）の話って、いつもタメになりますよね」

すると、そのお客様はこう言ったのです。

「わかんないのよ。お姉ちゃんの言ってること、あまりわかんないんだけど、とにかくお姉ちゃんを見ていると元気がもらえるから。それでいつも来てるの」

そう話す女性が、本当にうれしそうにニコニコしているのを見て、私は、常連さん作りはやっぱりトークじゃなくて人間性なんだという思いを再確認したのです。

お客様から、「一緒にイベントを作る仲間」に

このようにアドバイザーのファンになり応援してくださる常連さんのなかには、「うちの畑で採れた野菜よ」などと差し入れをしてくださる方もいます。また、「ずっとお話しして喉が渇くでしょう」と、缶ジュースなどを買ってきてくださる方もいます。

もちろんそれらのお気持ちや行動は、アドバイザーにとって大変うれしいものです。準備期間を含めて、長い間がんばってきたかいがあったと思います。

しかし、アドバイザーがもっともうれしいのは、その常連さんが他のお客様を連れてきてくださることです。先にも書いたように、人は本当に良いと思ったものは、身近な人に

勧めたくなります。あるいは、身近な人の多くが心身の悩みを抱えているのに、自分だけがこんなに体が良くなっているのは他の人に悪い、という気持ちにもなってきます。

つまり、自分さえ良くなればいいという利己的な思考ではなくて、「自分が確かに良くなったのだから、家族や友達も一緒に良くなってほしい」「他の人にも自分と同じように楽になってもらいたい」と感じる、他人を思いやる優しさがある人ほど、スマイルプラザを周囲に紹介して他のお客様を連れてきてくださいます。

このような優しい気持ちから行動を起こして、スマイルプラザを宣伝してくださることや、他のお客様を連れてきてくださることは、アドバイザーにとってもっともうれしいことですから、アドバイザーも最大限の感謝をします。

すると、お客様は、自分の体も楽になり身近な人にも良いものを知ってもらうことができ、さらにはアドバイザーからも大いに感謝されるということで、非常にうれしくなるのです。

仕事をしていても、あるいは家庭でも、今までの普通の生活ではそのように直接的に人の役に立ち、感謝されるという経験はなかなかありません。そういった経験自体がお客様にとってとても喜びとなるのです。

なかには、自分が治療を受けることよりも、周りの人に勧めてたくさんの友人や知人を連れてくることに熱心になる方もいます。私たちは親しみを込めて「宣伝部長の○○さん」と呼んだりします。

また一方では、会場に連れ立ってくるような家族や友人はいないけれど、なにかアドバイザーの役に立ちたい、力になりたいという方もいらっしゃいます。そういう方は、朝からいらっしゃって、会場の設営準備や、ノボリの設置などを「手伝うよ」と言ってお手伝いしてくださいます。こちらはいわば、「設営部長の○○さん」です。

スマイルプラザにいらしてくださる常連さんを、「お客様」という言葉だけでとらえると、「宣伝部長さん」や「設営部長さん」の存在は理解しにくいかもしれません。

実際には、熱心な常連さんたちは、もちろんお客様ではあるのですが、それ以上に「自分も一緒にイベントを作る仲間だ」という仲間意識を持って通ってくださるようになるのです。そしてアドバイザーのほうも、同じ場を作る仲間としてその方たちを信頼して、励まし、ともに泣き笑いしながら時間を共有します。

アドバイザーは、基本的に1人店長なので、なにかとトラブルに巻き込まれることもあります。例えば、来場者のなかには、少し言動に問題があって、クレーマー的に言いがかりをつけてくるような方もまれにいらっしゃいます。またアドバイザーに対してお客様が恋愛感情を持ってしまいストーカーのようになってしまう可能性もゼロではありません。

もちろん会社としてもそういった事態を防ぐための対策はしていますが、熱心な常連さんは、そんな危ない来場者には声をかけて注意をして、自分の身をもってアドバイザーを守ってくれます。それも「スマイルプラザは〝自分たち〟のイベントなのだから、自分たちで守らなければならない」「アドバイザーは仲間だから守らなければならない」という意識があるためです。

来場者が増えて盛り上がれば一緒に喜んでくれますし、逆にちょっと人数が寂しくなると「私が声をかけてどんどん連れてくるわ」と言って、実際にそのように行動してくれます。

こういう仲間意識を持ってくださる常連さんをどれだけたくさん作れるかに、スマイルプラザの成功はかかっているともいえます。

お客様が増えすぎてしまうことも

ただし、集客に成功してお客様が増えたら増えたで問題が生じることもあります。

先に述べたように、1日の回転数は最大でも22回転程度です。

1日500名のお客様にご利用いただくとすると、500÷22で23席、1日1000名なら1000÷22で46席が必要になります。それだけの席が入る会場となると、かなりの広さが必要です。

店舗開発のところで、アドバイザーの実力に合わせて会場を決めていくという話をしましたが、その背景にはこのような事情があります。1日に1000名の集客ができるトップレベルのアドバイザーを、狭い会場に割り当てることはできないのです。

ほとんどのお客様は車でいらっしゃるので、お客様が増えると駐車場問題や、渋滞問題が発生してしまう場合もあります。開催店舗が大きな駐車場を備えた大型ショッピングセンターなら良いのですが、中規模のスーパーマーケットなどだと、1つの場所に2つの店舗がある、といった状況になってしまいます。そうなると、怖いのがスマイルプラザに来場しない一般のお客様から、店舗さんにクレームがいくことです。

そこでお客様にはなるべく車の相乗りや公共交通でいらしていただくようにお願いして、駐車場問題や渋滞問題が起こらないように配慮します。

先に最近は長期間開催が減っていると述べましたが、これは会場にお客様が集まりすぎてしまうので、店舗さんにご迷惑をおかけしないようにという意味合いもあるのです。

スマイルプラザ開催期間の後半になると、治療器に関心を持たれたお客様からご購入のご要望が増えてくるため、最後の10日間から2週間くらいに購入申込受付期間を設けます。

それまでは、カタログやパンフレット類は会場に置いていないのですが、その期間になると、体験時間中にパンフレットを渡して簡単に説明をします。そして購入受付台を設置し、購入を希望なさる方は申し込みをしていただきます。

その場では、お金のやり取りや商品の受け渡しはしません。本社で受注データを処理して、商品はのちほど倉庫から発送します。

販売台数は、最終的に1日1000人くらい集まる大会場になると、100〜150台は販売されます。ご夫婦やご家族でいらしているお客様も多いので、世帯割合でいうと30〜40%程度の世帯の方にご購入いただけます。治療器の価格を考えると、1億から1億5000万円くらいの売上金額ということになります。

しっかりしたアフターフォローで、地域全体と良好な関係を続ける

当初予定されていた3カ月が終了すれば体験治療は終了ですが、それから1～2週間のアフターケア期間があります。売るだけ売ってすぐに「はい、さようなら」では、場所を貸してくれた店舗さんも、地域の方たちも「大丈夫か？」とご心配になるのは当然です。焼き畑農業ではあるまいし、そんなやり方をしていては、二度とその店舗さんや地域でスマイルプラザの開催はできなくなるでしょう。

そこで、販売終了後の1～2週間はアドバイザーが現地にとどまり、お客様からのご質問などに対応するアフターフォロー期間としています。なかには「買おうと思っていたのに、うっかりしていて販売期間が終わってしまっていた」というお客様もいらっしゃるので、そういう方への販売もします。

ときには、店舗さんや常連さんなどから「買えなかった人がたくさんいるから、もっとやってよ」と強いご要望をいただき、1～2カ月の延長プロモーションを開催することもあります。

お客様のなかには非常に慎重な方もいらっしゃいます。そういう方は、高電位治療器に興味はあっても、最初の販売期間中には疑心暗鬼になっていて購入できないケースが少なくありません。

しかし、その期間に実際に購入なさったご近所の人たちの口コミを聞いて「別にトラブルもないし、信頼できそうだな」と思えば、アフターケア期間や延長期間にご購入いただけます。私たちは通信販売などをしていないので、そういう方に買っていただくためにも、延長期間が必要になることがあります。

現地でのアフターケアや延長期間をしっかり設けていることも、商業施設さんや、お客様たちから長きにわたって信頼を得るために不可欠な要素なのです。

「売ってほしい」と頼まれてもお断りするとき

既に申し上げたように、ココロカでは、高電位治療器の通信販売やネット販売をしていません。販売はスマイルプラザに限られているのですが、スマイルプラザで「売ってほしい」と言われても、ご遠慮いただくこともあります。

それは次のような場合です。

「すぐに売ってほしい」

常連さんのなかには3〜4回体験したあとに「効果があるのはよくわかったよ。すぐに家に置きたいから、今すぐ売ってほしいのだけど」とおっしゃる方もいます。

しかし、私たちは予定された販売期間になるまでは、原則的に高電位治療器の販売はしません。常連さんに「売ってほしい」と言われることはもちろん大変ありがたいのですが基本的に「もうちょっと待って」とお断りをするのです。

それは、私たちが販売している家庭用高電位治療器という製品が、人の健康に影響を与え、大げさにいえば人の一生をも左右するような大きな力を持つ製品だからです。そのため「お客様に十分に納得していただける」と私たちが考える体験治療の期間が終了するまでは、販売はお断りしているのです。十分すぎるくらい十分にご納得いただいてからご購入いただく方針としています。

決して安価な商品ではないだけに、それが長い目で見ればココロカ、あるいは家庭用高電位治療器業界全体の信頼性を高めることにつながると、私たちは信じています。

ただし、なかには遠方から電車に乗ってスマイルプラザに通ってくださるような常連さんもいます。特にご高齢の方で「遠くから何度も通うのは体がしんどくて……」と言われる場合は、例外的にご相談に応じることもあります。

「使わないけど買うよ」

多くはありませんが、まれに「正直、治療器はそんなに使わないと思うのだけれど、あなた（アドバイザー）の熱心さが気に入ったから買うわ」とおっしゃってくださるお客様もいます。そういうお客様には、「ありがとうございます。でも、私たちは高電位治療器を使って、お客様の体が良くなってもらうために販売しているのです。それが私たちの理念なので、使ってもらえないなら売ることはできません」と、販売をお断りします。

どんな形でも売上が上がればいいというわけではありません。

それなりに高額な商品なのに、使われないとわかっていながら販売するのでは、倫理的に問題のある商法だと言われかねません。

私たちはそういうことは絶対にしませんし、また、会社としてアドバイザーに対しても「使わないお客様に販売することは認めない」という規則にしています。

このように、私たちは「なんでもいいから売る」のではなく、高電位治療器の効果を体感して納得し、必ず長く使いたいというお客様にだけ販売してきました。その結果が、これまでの6万台におよぶ販売において、納品後のキャンセル率が0・1％という非常に低い数字になって表れていると自負しています。

お客様とは信頼関係で結ばれながら、適度な距離を忘れない

ここまで、アドバイザーがいかにして、お客様との信頼関係を築いていくのかということについて、ご説明してきました。

これを読まれて、「ホントにいつもそんなに上手くいくの？」と疑問を感じられた方もいらっしゃるかもしれません。もちろん、実際はアドバイザーの力不足で上手くいかないこともあります。

ただ、基本的にはお客様からの信頼獲得が成功してきたからこそ、私たちの会社は30年間にわたって、6万台の高電位治療器を販売してくることができ、ここ数年間においても、毎年売上金額を伸ばせているのだと考えています。

ただ、ここで知っておいていただきたいのは、お客様から信頼されることと、個人的に

一線を越えるような親しい関係を作ることとは、違うということです。

先に述べたように、お客様がアドバイザーに対して恋愛的な感情を持ってしまい、ストーカー的になってしまう方がまれにいらっしゃいます。そこまではいかないにしても、見知らぬ土地で単身赴任をしているアドバイザーがトラブルに巻き込まれる可能性はできるだけ排除しなければなりません。そこで、アドバイザーが休日にお客様と個人的に会ったり、個人の携帯電話番号を教えたりするようなお付き合いは禁止しています。なにがあるかわからない時代ですので、会社として社員を守るセキュリティの観点から講じている措置です。

もちろん、再三述べてきたように、お客様が飲食店をなさっていればそこにアドバイザーが食事に行く、といった形でのビジネスのギブ・アンド・テイクは必要ですが、そのことと必要以上に個人的な付き合いを深めることとは、別であることは言うまでもないでしょう。

コラム

ココロカさんとのお付き合いは「Win‐Win‐Win‐Win」

株式会社東奥アドシステム　常務取締役　沢田幸彦氏

不思議なご縁が出会いのきっかけ

私たちの会社、東奥アドシステムは、青森県青森市に本社がある新聞社の100％出資の広告会社です。さまざまな店舗のプロモーション活動の支援をしていますが、その一つとして、ココロカさんと店舗さんとの橋渡しをして、ココロカ・スマイルプラザ成功のお手伝いをさせてもらっています。

私がココロカさんを知ったのは、ひょんなきっかけでした。2008年頃に、大学時代のサークルの後輩であるE氏と久しぶりに会って旧交を温めた際に、E氏がココロカさんにお世話になっていることを知りました。さらに、E氏がココロカさんに転職する前に勤めていた会社の部下だったA君が、そのときに当社の社員だったという不思議なご縁があったのです。

私はE氏に再会するまでココロカさんのことも、高電位治療器のこともまったく知りませんでしたが、E氏から、プロモーション会場として使わせてもらえそうな店舗を紹介してほしいと相談を受け、業務などについてくわしく教えてもらいました。高電位治療器の説明を受けて、自分でも実際に使ってみると、確かに良さそうなものであることは実感できました（ちなみにそのあと、自分用と父親用と、2台購入しました）。

そして、大学時代に一緒に汗を流した後輩の頼みに一肌脱ごうと思い、私たちのお取引先のイトーヨーカドーさんや青森県民生協さんにスマイルプラザ開催のご提案をしていったのです。

「Win-Win-Win-Win」の関係

とはいえ、最初のころは、不安な部分も大きくありました。店舗に人を集めてプロモーションをするという販売手法が、保守的な気質も残る地方において、ややもすれば怪しい、〝うさんくさいものだ〟と見られかねないという心配があったからです。

しかし、蓋を開けてみればそれはまったくの杞憂で、大きなトラブルが生じたことはほとんどありません。「プロモーション会場の音が大きすぎる」といった、若干のクレームを受けることはありましたが、それはすぐに改善できました。

ほとんどの会場では、熱狂的に歓迎する住民の方が圧倒的に多く、冬の冷たい吹雪の中でさえ、入場待ちの何十人もの人たちが、プロモーション会場の外で行列を作っているといった光景が、頻繁に見られました。皆さん、アドバイザーの元気で明るいプロモーションに触れ、そして高電位治療器で治療してもらうことを、本当に喜んで通っていたようです。

当然、店舗さん側からもお客様の満足や売上向上につながると、非常に喜んでいただいており、ご提案した私たちも代理店冥利に尽きます。

よくＷｉｎ-Ｗｉｎの関係といいますが、お客様にも、店舗さんにも、私たちにも、そしてココロカさんにも、すべての人にメリットが生まれるスマイルプラザは、いわば「Ｗｉｎ-Ｗｉｎ-Ｗｉｎ-Ｗｉｎ」の関係を築いています。

高いプロ意識を持つアドバイザーだけが、店舗の不安を払拭できる

一度だけ大きな問題になりかけたのが、2016年に青森県民生協さんが、はじめて青森市外に出店したお店でのプロモーションのときでした。地元の商工会さんから、「この催事には問題が大いにある」と抗議があったのです。その内容には「うさんくさい商売だろう」といった誤解もあったので、ココロカさんはもちろん、生協の店長さんや本部の専務様、そして私たちが同行してご説明に当たり、改善すべき点は速やかに改善することを約束し、誤解を解いていきました。

最終的には商工会の役員の皆さんにご納得いただいたのですが、役員さんの何人かは、デモを体験して治療器をとても気に入っていただき、結局スマイルプラザの常連さんになってくださいました。

このようにココロカ・スマイルプラザが成功を重ねてきたのは、高電位治療器自体の良さもさることながら、ココロカのアドバイザーさんが本当に自分たちの商品を信じて、明るくプロモーションをしていることが、最大の理由ではないかと思います。

なにしろ「健康」という非常に気を遣う分野の商品です。もし、少しでもネガティブな要素があれば、あっという間に悪い口コミは広がりますし、店舗さんにもクレームの嵐がくるでしょう。その意味で、私たちも店舗さんも、スマイルプラザを開催するときは毎回緊張しますし、不安が全くないということはありえません。

そのような不安を払拭するのは、アドバイザーさんの高いプロ意識と、お客様の健康のために役立ちたいという信念に支えられたプロモーションを、日々誠実に続けていくことしかないと思います。その強い意志がある限り、今後もココロカさんのスマイルプラザと高電位治療器は、多くの人に受け入れられ、その人たちを笑顔にしていくものだと信じています。

第3章

“ダイヤの原石”を採用し、トップアドバイザーに育てるノウハウ

～「人を引き込む対話力」を育む社員教育～

20代の社員が数多く活躍

ここまでで、ココロカのアドバイザー業務は、身体的にも精神的にも、かなりハードな仕事だなという印象を持たれた方が多いのではないかと思います。

そのハードな仕事をこなし、お客様から信頼を勝ち取っているココロカのアドバイザーは、おおむね全体の69%が20代の若者で、平均年齢は26・7歳です。

それをお話しすると、「どのようにして、今の若者を、幅広い年代のお客様から信頼される仕事ができるアドバイザーにまで育て上げるのですか」と聞かれることがあります。

確かに、単身で知らない土地に行き、たった一人で地域の中に根を張り、総計で何千人ものお客様を集めて、数千万円から場合によっては1億円以上もの売上を作る……。これは、一般的な会社で働く20代の若者を呼んできて「やってみなよ」と言っても、なかなかできることではないでしょう。

そこで本章では、私たちが行っている採用や教育・育成に対する考え方についてご紹介します。ひいては、ココロカにとってそもそも社員とはどんな存在なのかという点についてもお伝えできればと思います。

ただ、採用、育成の考え方や方法は、時代によって変わります。それは、一方では時代の風潮や学生さんの意識が変化していくという理由があります。また、もう一方では私たち自身が人材育成を重ねるなかで、より良い方法を求めて制度改革を続けていくためという部分もあります。ちょうど本書を執筆している2020年からは、「アカデミー」という新しい研修制度をスタートさせているところです。

これからご説明する内容もあくまで新制度に照らし合わせたものですが、制度の根底にあるスピリットは、大きくは変わらないと考えています。

なお、採用は新卒採用と中途採用にわかれますが、ココロカでは現在、ほとんどが新卒採用です。中途採用は年によって若干名募集する程度で定期的には実施していませんが、新卒は毎年最低10名を目処に採用活動を行っています。ここでは新卒採用の例に絞ってご説明します。

新卒の採用率は6％程度

新卒者の募集は、合同説明会や独自説明会の実施、人材紹介会社などを介して行います。

今は大学生ですと、3年生の終わりくらいから就職活動をはじめるのが主流です。ココロカでも春から夏にかけて採用選考活動を進めていきますが、早い段階で目標の募集人員に達してしまいます。

2019年には、約250名の書類申し込みがあり、そのうち、書類選考と1次面接を通過した人が約80名、2次面接通過が40名、最終的な採用は15名でした。例年、10名程度の採用を目標としていますが、少しずつその人数も増やしていきたいと考えており、直近では15名になりました。しかし15名に増やしても、書類応募者に対する採用率は6%ですから、それなりに狭き門です。

通年で随時行っている会社説明会のあと、最初は書類選考があります。履歴書および適性検査の結果でふるいにかけます。履歴書の学歴などは不問ですが、あまりにも乱暴な文字を書いている人などは、適性検査とあわせてお断りすることがあります。

ただし、書類選考だけで落とすのは常識がないなど明らかにそぐわない場合のみで、大半の人には1次面接を受けてもらいます。そして、1次面接を通過した人に、私ともう一人のマネージャーとで、2次面接を行います。2次面接で迷ったときには、さらにもう1回面接をすることもあります。

ちなみに、新卒採用はすべて「アドバイザー候補」という枠での募集になります。

応募者に対しては、会社説明会および面接などを通して、ココロカのアドバイザー業務は決して楽な仕事ではなく、身体的にも精神的にもかなりハードな仕事であることを、まずしっかり伝えます。

そのうえで、

・自分ががんばればそれだけ高い報酬が得られるため、努力のしがいがあること
・社歴や年齢、社内の人間関係などに関係なく、達成した成果のみが正当に評価されること
・プロモーション期間後は、1カ月〜1・5カ月ほどの長期休暇取得が可能で、オンとオフのメリハリがきいた働き方ができること
・高い人間力（がんばり抜くことでお客様から信頼を得る力）が身につき、その力は転職や独立にも必ず役立つこと
・お客様の健康を支え、心から感謝される、誇りを持てる仕事であること

など、多くの魅力に満ちた仕事であり、やりがいのある会社であることを、しっかり伝えます。

良い面も悪い面もすべてオープンにして知ってもらったうえで、「よし、やろう！」と思ってもらえる人にチャレンジしてもらいたい。それが私たちの基本的な採用スタンスです。

応募者の動機は、高い報酬と正当な評価、そしてやりがいある仕事

少子高齢化により就業人口の減少が続く現代では、人材採用も、一方的に会社が応募者を選別するだけのものではありません。

応募者のほうも、就職活動期間中に多くの会社を訪れたくさんの採用担当者や経営者に会って、会社を見極めようとします。

そんななかで、「ぜひココロカに入りたい」と入社を希望する人の動機には、主に次の二つのパターンがあります。

一つは、努力に応じて高い収入が得られることです。超一流国立大学卒業や難関資格保有といった条件があれば別でしょうが、ココロカのように学歴不問で募集し、20代でも年収1000万円を超える収入を得ている社員がたくさんいるという会社はそう多くないでしょう。そこで、大変な仕事であってもがんばってしっかり稼ぎたいという動機で入社する人は多数います。

また、それと関連して、自分が達成した業績（集客数や販売数）が、会社から公正に認めてもらえて報酬に反映されるという点を志望動機に挙げる人もいます。例えばチームと

しての評価になってしまって自分の業績がストレートに反映されないとか、ひどい場合は、自分の業績なのに上司の手柄にされてしまうといった世間でよくある不透明さが、ココロカでは一切ないからです。

もう一つは、収入以外のやりがい的な面として、主体性と誇りを持って働ける仕事だという点を挙げられる方もいます。アドバイザー業務は、最初から最後まで自分一人が主体となって進めるものです。自分の努力と創意工夫次第で、売上を増やすことができ、しかも、お客様から直接感謝されるため、誇りを持って仕事ができるという点です。上司からの命令を受けて、ただ言われたことをこなす、いわゆる「組織の歯車」となるような仕事ではまったくないということに、やりがいを感じるという声も多く聞かれます。

面接では「素の人柄」による適性を見極める

採用面接で見るのは、応募者のその時点での「能力値」ではなく、いわば「素の人柄」です。アドバイザーは多くのお客様とかかわるハードな仕事なので、素の人柄で、向き不向きがはっきり表れます。

向いてない人を採用してすぐに退社されてしまうことは、その人自身にとっても、会社にとってもとても大きな不幸です。そのため、向いている人かどうかという見極めは、とても慎重に行います。

実のところ、アドバイザーのなかでもトップアドバイザーになる人は、おおむね3タイプに分類できるのですが、どのタイプにも共通する適性や素質があります。それは次の（1）～（5）までの要素です。

（1）周りに人を集められる（人に好かれる）こと

第2章で、リピーター作りで重要なのはトークテクニックではないと話しました。実は、これはリピーター作りだけではなくて、お客様を集めること（集客）全般にいえることで、集客のもっとも端的な部分が、同じ人たちが何度も集まってくれるリピートに表れるというだけに過ぎません。

いわゆるトークテクニック、少し悪い言い方をするなら「口のうまさ」みたいな部分は、人を集めるという点においては、ほとんど関係ないと私は思っています。私自身、大学を卒業してはじめて就職した事務機器の営業職では「ほとんど話さない営業」をしていました。

自分の体験からいっても、またココロカで多くのアドバイザーを見てきた経験でも、人を集められる、人から好かれるというのは、素の人柄の適性が大きく関係しています。素質といってもいいでしょう。ただし素質ですから、それが採用時点では顕在化していなくても、もちろんいいのです。「磨いてあげれば、人に好かれるようになる素質を持っているな」と感じられることが第1の適性ポイントです。

(2) 打たれ強いこと

アドバイザーが各地でお客様と接するとき、お客様はまず否定的な態度をとられることがほとんどです。しかし、否定されてからがスタートであり、どれだけたくさん否定されるかが、アドバイザーとして成功する道だともいえます。おそらく、いまココロカにいるアドバイザーのなかでは、私がもっとも数多くの否定を受けています。

社長自身がそういっているのですから、否定されることが苦手、いわゆる「打たれ弱い」人は、どうしても向いていません。

否定されたときに、気にしない、あるいは「なにくそ」とむしろ否定をバネにしてより強く成長できる素質を持っていることが、第2の適性ポイントです。

（3）独立心が強いこと

アドバイザーが社内にいるときは仲間の同僚や先輩がいます。しかし、ひとたびプロモーション会場の担当を割り当てられれば、見知らぬ土地に一人で住み、自分だけ（アシスタントはつきますが）で、責任を持って業務をこなさなければなりません。電話やメールなどでのフォローは随時ありますが、やはり孤独に弱い人や寂しがり屋の人は、向いていません。

よく面接の際に「学生時代に打ち込んだこと」として、体育会でスポーツに打ち込んだとか、サークルで、あるいはアルバイトでリーダーとしてチームをまとめたといった経験をアピールする人がいます。普通の会社はそれがプラスのアピールになることも多いでしょう。しかし、そういうふうに「縦社会の組織（体育会）の一員としてがんばった」とか「仲間と協力してなにかを達成した」というのは、私たちのアドバイザーの資質としては、あまり評価はされません。むしろマイナスのポイントになることさえあります。

それよりも、例えば「学生時代は一人で油絵の作品をずっと作っていた」といった人のほうが、向いていることが多いのです。特にアドバイザーの仕事は、自分で「表現」を工夫しなければならないところが多分にあります。その意味で、アート系の才能がある人やアート活動をしていた人などは、「表現」という点においても、意外にアドバイザーとしての適性が高い場合が多いのです。

また、実際に作品作りなどはしていなくても、映画だとか音楽だとかに打ち込んで、いわゆる「オタク」のように、一つの世界に夢中になり、それをアピールできるような人も、適性として高いものがあります。そのアピールするものが、高電位治療器になれば、たくさんの人を集められる可能性があります。

（4）目的意識が明確で強いこと

これは「人柄」とは少し違いますが、目的意識を明確に強く持っている人は成功しやすい傾向があります。それは例えば、「苦労した親に楽をさせてあげたいので、同年代の普通の会社に勤めている人よりもお金をたくさん稼ぎたい」ということでもいいのです。あるいは、内定段階で会場見学に行って、そこで健康を損なっている人をたくさん見ます。そのときに、こういう人たちを高電位治療器で助けたいと思えることです。

逆になんとなく「健康にたずさわる仕事がしたい」とか、なんとなく「人から喜ばれる仕事がしたい」という、ふわふわした感じの志望動機では、厳しいと感じます。

（5）「3つのルーズ」がないこと

「お金にルーズ」「時間にルーズ」「異性にルーズ」という「3つのルーズ」のどれかに当てはまる人は、他の面では良い適性が見られても、採用は見送ります。

まず、扱う商品が高額であり、また、プロモーション会場は一人で任せることもあるので、現地では現金は扱いませんがお金にルーズな人は困ります。

また、プロモーション会場では、体の悪いお客様が治療を受けるために朝から列を作って待ってくれることもあります。そんなときに、アドバイザーが1分でも遅刻することは、許されることではありません。なにがあっても絶対に遅刻しないことは、ココロカでは徹底的に厳守を求められます。「電車が遅れた」というような理由でも遅刻は認めません。電車が遅れても決められた時刻に間に合うだけの余裕を持って行動すればいいだけだからです。なかには、遅刻しないように会社の近所に引っ越してくる社員もいます。住む場所は自分で決められることですから、要は心がけ次第です。

「異性にルーズ」は、第2章でも触れたように、アドバイザーはプロモーション会場で異性から注目されることもあります。そこでのトラブルを防ぐために、異性関係にルーズな人はＮＧなのです。

普通の会社なら〝即採用取り消し〟にも「ダイヤの原石」がある

採用には複数の指導者が面接官としてかかわりますが、だれが見ても「この人は向いているね、いいね」と思わせる応募者もいます。そういう人は、私が判断するまでもなく内定を出すことができます。

問題は、面接官たちが、「この応募者はいいところもあるけど、かなりクセがあります」とか「よくわからない人です」などという場合です。

そういう人は、基本的に私がじっくりと話をして、最終的に判断を下します。応募者の「素の人柄」がアドバイザーとして適性を持つかどうかの判断については、私はかなりの確度で見極められると自負しています。

なかには、ある面接官が「この人はちょっと……」と判断して不採用にした人が、実はすごい才能を持っていたというケースもあります。どうして不採用にしたのに、才能を持っていたことがわかるのかというと、本人が「不採用は納得できません。どうしてもコロカに入りたいのでもう一度面接してください」と言ってくることが、たまにあるからです。そういう人を、私が面接して良いと判断して採用し、その後トップアドバイザーになったケースもあります。

もちろん、私が面接した結果として不採用になる場合もあるのですが、「磨けば光るダイヤの原石だな」と、感じられる人が意外と多くいます。少し個性的な人のほうが向いている仕事なので、そういう人が多いかもしれません。

ただし、放っておいても光は放ちませんし、他の人とは少し違った育成をしなければならないこともあります。そのため、「この子はこうやって育成してあげれば、ピカピカに光るな」というイメージ、こうやって育成すれば数年後に優れたアドバイザーになるだろうという想定イメージが、私の中で明確に描けることが必要で、それが描けるのであれば採用できます。そして、想定した育成イメージの見込みが外れたことは、ほとんどありません。

例えば、ある年に私に判断をまかされて採用したある社員は、採用後の社内研修のときなど、楽しそうに鼻歌を歌って研修ノートに絵を描きながらふざけたような態度で研修を受けていました。普通の会社ならまずその瞬間に内定取り消しになるような態度です。

しかしその社員は、採用からわずか1年半後、たった3回目のプロモーション会場で、実に100台、1億円以上もの販売実績を上げた、一種のカリスマタイプだったのです。

さすがの私もそこまでの急成長は予想していなかったので驚きました。しかし採用面接のときに「この子は磨けば絶対光る子だ」と感じた直感は間違っていなかったのです。

面接が終わってから面接開始？

就職や採用面接について、対策本がたくさんありますし、今はネットでも口コミを含めてさまざまなノウハウ情報があふれています。真面目で熱心な学生ほど、そういったものを調べたり、シミュレーション練習をしたりして、面接対策を重ねてきます。そのため、そつのない、いわゆる優等生的な対応ができる学生は少なくありません。

そんな現状で、限られた時間のなかで「素の人柄」を見抜くためには、面接をする側もいろいろ考えなければなりません。一時期、一部の企業で行われた「圧迫面接」（高圧的な態度で脅迫するような面接）が問題視されましたが、それも素の人柄を見るための一つの方法だったのでしょう。しかし、脅すようなやり方は当然良い方法ではありませんし、私たちは、そんな方法をとったことはありません。そんなことをしなくても、応募者の素の姿を理解するためのさまざまな工夫を以前からしています。

例えば、型どおりの面接をしてから、「じゃあこれで面接は終了です。お疲れ様でした」と言って終了します。そして、「帰りはバス？　次のバスは何時かな？」と聞きます。コロカが入居しているビルと最寄りの品川駅との間には無料送迎バスが運行されているため、それを利用して帰る人がほとんどだからです。

たいてい、次のバスまでの時間が10分から15分くらいはあるので、缶コーヒーを出してあげて「じゃあ、これでも飲んで、ちょっと待ってなよ」と言い、「大変だよね、就職活動って……」などと話を振ります。応募者は、面接は終了して単なる時間潰しの雑談だと思うので、気が緩んでついホンネの態度、ホンネの言葉が出ます。しかし実は、その時間こそが私の本当の面接時間なのです。

これはあくまで一つの例ですが、型どおりの面接では聞き出せないホンネを引き出し、素の人柄を知るための工夫をいろいろとしています。

内定後も十分な「お見合い期間」を設けて、驚異的に低い退職率を実現

ココロカ入社後1年間での退職率は、10％程度に抑えられています。10人のうち一人、辞める人がいるかどうかというところです。これは、営業主体の会社としては驚異的な低さです。このような低い数字が実現しているのは、採用段階での人柄の見極めに加えて、内定後もお互いを知るための十分な期間を設けていること、さらに、他社ともよく比べていただいてから入社していただくことなど、内定段階での入念なマッチング施策が奏功しているためだと自負しています。

私たちは、応募者に内定を出したあとから、翌年4月の入社までを、内定者にココロカの社風や、仕事、働いている先輩のことをリアルに知ってもらう期間だと位置づけています。それとともに、私たちも内定者のことをより深く理解し、入社後の育成方針を固めるための重要な期間です。いわば互いを知るための「お見合い期間」であり、この期間があるからこそ、入社後の低い退社率が実現しているのです。

内定後には、まず社内勉強会に参加してもらいます。先輩アドバイザーからの実体験を

まじえた業務内容説明を受けたり、内定者同士でのプロモーションの練習みたいなことをしたりしてもらいます。プロモーションといっても、例えば自分が一番好きなものを他の内定者の前でアピールするといったことです。映画が好きな人なら、好きな映画について話すなどです。そして内定者同士で、そのプレゼンテーションのどこが良かったか、悪かったかを話し合ったりします。

そこではプレゼンテーションや批評の巧拙が問題なのではなく、好きなものをどんなふうにアピールするのか、また、他の人に対してどんな批評をするのかで、各自の個性を見ていくことが目的です。

また、内定者を集めてのバーベキューパーティやキャンプも開催します。

そういったレジャーイベントには、親睦を深めるという意味合いもありますが、短い採用面接の時間だけでは把握しきれない各人の性格タイプを把握するためでもあります。

お酒を飲みながら料理や食事、キャンプの準備などを一緒にしていると、本当に各自の性格がよく表れてきます。例えば、「この子は周りの人を褒めて動かすのが上手いな」とか、「この子は無口だけどやるべきことをしっかりやるタイプだ」とか「この子は先回りして動ける子だな」といった具合に、各自の行動の個性がわかります。また、勉強会やレジャーイベントには、私服で来てもらいますから、普段どんなファッションをしているのかがわかり、そこにも性格が表れます。

入社前の段階から内定者をつぶさに観察して、各自の性格や特徴を細かく把握しておくことは、入社後に重要な意味を持ってきます。

入社後に研修を経てアシスタントアドバイザーとなったとき、先輩についてOJTをしていきます。その際、どんなタイプのアドバイザーとして育成していくのかという育成方針、そして指導者とアシスタントとの性格的なマッチングがとても大切なのです。その育成方針やマッチングを決定する際に、入社前から時間をかけて把握した各自の特徴や性格が、重要な資料となるのです。

採用段階では、SPIなどの適性検査も受けてもらい、その結果ももちろん指導の参考にしますが、目の前で見られる行動から察せられる情報のほうが、はるかに価値の高いものとなります。

次は、実際にプロモーションが行われている会場を見学してもらいます。日帰りで行ける関東圏や東海、東北で開催されているプロモーション会場を訪れて、アドバイザーがどんな仕事をしているのか、お客様にはどんな方がいて、どんな反応をしているのかを、会場でつぶさに観察してもらうのです。

さらに、12月の忘年会やコミッション支給式といった会社の公式イベントに、希望者は参加することができます。そこで、アドバイザーとして実績を上げると報奨を得られることや、社内での人間関係の様子、働きやすさといったものを、先輩に直接聞くことができます。社長や管理職の人間にはちょっと聞きにくいようなことでも、年の近い先輩になら比較的聞きやすいということもあるでしょう。こういった機会に参加して、先輩との交流を深める機会を設けています。

会場見学や忘年会、コミッション支給式を経て、「思っていたよりも大変そうだ」「自分にはとてもできそうもない」と言って内定辞退を申し出る人もいます。逆に、「お客様にこんなに喜んでもらえるなんて、素晴らしい仕事だ。ぜひ自分も早く会場に立ちたい」と奮起する人もいます。

アドバイザーは現場仕事なので、やはり実際に現場を見てその空気に触れてみないとわからない部分はどうしてもあります。それを知って「自分には合わない」と考える人が出てきてしまうのは残念ではありますが、ある程度はやむを得ないことだと考えています。

これらの施策とは別に、私たちは内定者に対して、「他の会社も受けたければ受けていいですよ。どんどん他社も見てきなさい」と話しています。

それはもちろん、待遇や働きやすさなどの面で、ココロカがたいていの他社には負けないという自信があるためですが、もう一方では、その人がココロカよりも自分にフィットすると思う会社を見つけることができたのなら、それはそれで、その人にとって喜ばしいことだと思うからです。

内定者を拘束して、他社は見せないとか、受けさせないなどというのは、内実に自信のない会社が取る行動であり、それは会社にとっても内定者にとっても不幸なことです。入社してからお互いに後悔しないためにも、内定段階でも心ゆくまで他社も見てくることを勧めます。

親御さんにお会いして誤解を解くことも

私は、内定者が他の会社を受けてみて、ココロカよりも他社のほうが自分にあった道だと考えたのであれば、そちらに行くことを勧めますし、その選択を応援します。

しかし、内定者本人はココロカに入りたいと思っているのに、周りがそれをはばむとなれば、話は別です。

例えば、本人はその気なのに、親御さん（ときには祖父母の方）がココロカへの入社に反対するといったことが、たまにあります。

その理由として、例えば、

「女子社員でも、一人で地方出張にいく仕事をさせられるなんて、危険じゃないか」

「販売ノルマに追い詰められて、苦しむ仕事じゃないか」

「歩合給中心の会社みたいに、家族にも治療器をセールスされるのではないか」

などで、果ては「マルチ商法なのではないか」といったご心配まで、さまざまです。

もちろんこれらは完全に誤解です。

まず、プロモーション会場には防犯カメラによるリアルタイムのモニタリングシステムを設けたり、お客様との個人的なお付き合いを制限したり、必要に応じてマネージャーが現地を訪問したりするなど、アドバイザーの現地での安全確保には配慮をしています。

また、アドバイザーには販売ノルマは一切ありませんし、一部の保険会社などで行われているような、まず血縁者や知人に対してセールスしていくといった方法も、一切行っていません。

言うまでもないことですが、マルチ商法ともまったく関係ありません。内部統制やコンプライアンス（法令遵守）に関しては、顧問弁護士と随時連携して対応しており、グレーな活動はありません。

ただし、ココロカはまだ知名度が低く会社規模も小さいので、親御さんがご心配になるお気持ちも十分わかります。大切なお子様が入社しようという会社について、真剣にご心配なさるのは、むしろ親御さんとして立派な態度であり、そういう親御さんに育てられた人だからこそ、ぜひ入社していただきたいとさえ思います。

そこで、私は内定者から「実は、父が入社に反対していまして……」といった話が出たときは、まず親御さんの考えが誤解であることを説明して、説得するように勧めます。「自分がどれだけ真剣で本気なのかを、心を込めてご説明してごらん。そうすればきっと理解してもらえるよ」と。また、「もしここで親御さんのいうままになってしまったら、君は今後、なにをするにもずっといいなりだよ。君の人生なのに、それでいいの」とも伝えます。親御さんを大切に思う優しい気持ちの子ほど、そうやって後押しをしてあげなければなりません。

もし必要があると思えば、親御さんにお会いすることもあります。そして膝をつき合わせて、私たちは世の中に健康を広めるという理念のもとに社会的な意義の高い事業を行っていること、ご心配になっていることは誤解であることなどを、時間をかけて、丁寧にご説明します。

こうしてお話しをさせていただけば、ほとんどの場合、親御さんの誤解は解けます。そして、晴れて立派な若者がココロカの門をくぐり、新しい仲間となってくれるのです。

アドバイザーを育て上げるための育成体制

4月になるといよいよ新入社員が入社します。

新入社員は入社後、全員が「アカデミー」と名づけられた研修チームに属する研修生となり、まず社会人としての基本を身につけるための、一般的な社会人研修を1週間受けます。次に、アドバイザーとしてどうやってプロモーションを進めるのかを教育する、プロモーション研修を2～3週間行います。プロモーション研修は、60ページ以上に及ぶ研修マニュアルに基づいて行われ、それを完全に理解し実践できるようになるまでしごかれます。筆記テストとロールプレイングテストに合格すると、プロモーション研修は修了です。人によって多少進度の差はありますが、5月のゴールデンウィークまでには全員が合格します。そして、ゴールデンウィーク後から、主に先輩アドバイザーのアシスタントとして各地のプロモーション会場に配属されていきます。

そして、早い人では、入社した年の夏か秋ごろから、自分一人でアドバイザーとして会場をまかされることになります。


ここで、ココロカの職務構成についてご説明しておきます。

まず、実際にプロモーションに立つアドバイザーは基本的にチームにわかれています。チームのトップは「リーダー」と呼ばれ、現在8名います。リーダーの下につくのが「チームメンバー」で現在40名ほどいます。

8名のリーダーが持つチームが8チームあり、それぞれチームリーダー＋基本的に4名のチームメンバーで構成されます。なお、8名のリーダー以外に、私は直属のチームを複数持っており、私のチームには10名前後のチームメンバーがいます。

リーダーはプロモーション会場におけるアドバイザーの業務のやり方を指導する管理職の役割をこなしつつ、自分もアドバイザーとして会場にも立ちます。

8名のリーダー、約40名のチームメンバーのもとに、約20名の「育成メンバー」がいます。育成メンバーもアドバイザーではありますが、その名前の通り、まだ育成中のメンバーです。そのため、一人でプロモーションをすべてまかされることはなく、チームメンバーのアシスタントとして入ったり、会場の延長（アフタープロモーション）などの際だけプロモーション会場に立ったりします。なお、育成メンバーはチームには所属せず、私やクローザーと呼ばれる役職の人間が、育成メンバーを管理しています。

そして研修生が所属するのが「アカデミー」です。新入社員は最初、全員アカデミーに所属して、そこからアドバイザーを目指します。

ただし、一度アドバイザーになった人でも、プロモーション会場での集客や販売が一定基準に達しない場合や、プロモーション内容に不備がある場合は、再度アカデミーに戻ってもらい、研修を受け直してもらいます。つまり、アドバイザーから研修生に逆戻りすることもありうるわけです。アドバイザーは、地位を獲得すればそれで安泰ということはありえず、常に向上を目指しての自己点検、自己研鑽が求められるのです。

なお、アドバイザーを管理する管理職としてのマネージャーがいます。第2章でも触れたように、マネージャーはアドバイザー各自の個性を把握して、だれをどの会場に割り当てるのかといったことを決めていきます。また、プロモーション会場に派遣されたアドバイザーの日常業務を管理するのもマネージャーの役割です。

さまざまなツールでアドバイザーをサポート

入社1年目の社員でも、育成メンバーを経てチームメンバーになれば、プロモーションの準備から終了までの3～4カ月の業務を一人でこなさなければなりません。もちろん、研修期間にはロープレ（ロールプレイング）での練習をみっちり積んでいますが、やはり実際のお客様を目の前にした現場とでは、大きく異なることも多々あります。

なによりも、現場では上手くいかないことや、イレギュラーな事態が当たり前に起こります。経験が不足しているアドバイザーは、そういう場合に適切に対処できないこともあります。

また、新人アドバイザーだけではなく、3年、5年と経験を積んだアドバイザーでも、調子が悪いときはあります。決してサボっているわけではなく、努力を重ねているのに結果がついてこない、いわゆるスランプの状態です。そうなると、「自分のやり方はこれでいいのか」と悩んだり、さらにはこの仕事をしていていいのかと思い詰めてしまったりすることもありえます。

そういったことをなるべく防ぎ、アドバイザーとしての円滑な成長をサポートするのが、私も含めたマネージャーの役割です。

例えば、広い意味では、なるべく多くの事態に対応できるようしっかりした網羅的な業務マニュアルを作成することも、サポートの一種でしょう。私が入社した当時はアドバイザー用の業務マニュアルがなく、先輩からの口伝でいろいろなことを教えてもらいましたが、人によっては的外れな指導をするなど水準にバラツキがあったので、苦労しました。

現在のココロカでは、だれでも一定レベルの業務が可能になるように、しっかりした業務マニュアルが用意されていますが、その内容を時代に合わせてブラッシュアップしていくことも指導者の役割だと認識しています。

また、プロモーション期間中、全国各地に飛んでいるアドバイザーとは、対面で話し合うことができないために、さまざまなツールや方法を用いて、密なコミュニケーションを欠かさないようにしてアドバイザーを支えます。

例えば、マネージャーの重要な役割の一つに、電話でアドバイザーと話して、業務の予定を確認したり報告を受けたりすること、いわゆる「業電」があります。

まず朝のプロモーション開始前の時間には、全国の数十カ所で同時期に行われているプロモーション会場にいるすべてのアドバイザーに対して、マネージャー陣が電話で「今日はどういうふうに動くんだ」と行動確認をします。そして不足すると思われるところや懸念点があればアドバイスをしていきます。

また、プロモーションの開催時間中は、会場に設置したビデオカメラで、アドバイザーの様子と会場内の様子を随時モニタリングしています。電話での報告だけではわからないアドバイザーの生の姿をリアルタイムで見ることができます。モニタリングは、東京の本社で専門の担当者が行っており、法的な部分のチェックはもちろんのこと、なにかトラブルや問題が生じたときにはすぐに報告が上がるようになっています。また、アドバイザーのプレゼンテーション内容、例えば「このアドバイザーは、話し方がちょっと上から目線になっている」といったことがデータとして記録されます。それがのちの電話指導で役立てられるのです。

ビデオカメラでのモニタリングは、アドバイザーの業務を管理するという目的も半分はありますが、会場のセキュリティを保持して、アドバイザーやお客様を危険から守る目的も半分あります。プロモーションは不特定多数の人が集まる場所ですので、なにが起こるのかはわかりません。リアルタイム監視でのセキュリティ管理は欠かせないのです。

1日の業務が終わったあとには、アドバイザーはｉＰａｄでグループウェアを使って、日報を記載し、本社に報告を上げます。日報は集客数やリピート数はもちろん、個々のお客様の様子に至るまで、非常に詳細な報告が求められます。

マネージャーは、受信した日報と、必要があればモニターの録画も確認して、その日のうちか翌朝の業電で必要なアドバイスや指示をアドバイザーに与えます。こうして、アドバイザーは、全国各地に飛んでいますが、東京にいるのとほとんど変わらない、密度の濃いサポートを受けることができるのです。

プロモーション期間中は毎日電話に追われる

アドバイザーは、プロモーション期間中、毎日なんらかの壁に必ずぶちあたります。そしてその壁を乗り越えることで成長していきます。

社内での研修だけが自己を成長させるのではなく、現場で壁にぶつかりそれを乗り越えることこそが自分を成長させてくれる「糧」になること、そしてプロモーション期間中でも毎日成長できることを、有能なアドバイザーであればあるほど実感しています。ただ、その壁を自分だけで乗り越えることは難しいことが多く、だからこそ優秀な指導者＝マネージャーの存在が不可欠です。

そのため、プロモーション開始直後は、向上意欲が強いアドバイザーほど、自分の気づきや悩みを事細かにマネージャーに伝えて、指導を求めようとします。いきおいあまって、業電の時間も長くなります。マネージャーも、アドバイザーの熱心な向上心に全力で応えたいと思います。

しかし、朝はプロモーション会場オープンまでの時間が限られているため、アドバイザー一人ひとりとの長電話は無理です。事務的な連絡が中心の業電にならざるを得ません。

そこで、夜、アドバイザーがプロモーションを閉じて日報を送信し、夕食などを済ませてから、マネージャーのところに電話がかかってきます。その時間こそ、濃密な指導が可能な時間なのです。アドバイザーにとって、朝の業電は必須ですが、夜は違います。特に問題を感じていなければ、日報の報告だけでもいいのです。しかし多くのアドバイザーはなんらかの不安を抱えているため、電話をかけてきます。

マネージャーからすると、その対応はとても手間がかかることでもあります。

例えば、私の場合、自分のもとに10人以上のアドバイザーを抱えています。すると、その8割から電話がかかってきたら、一人と30分話すとしても、4時間かかります。食事や入浴を済ませたあと、夜9時くらいから自宅で電話を受けはじめて、終わるのが夜中の1時、2時になることも、珍しくありません。プロモーション期間の3～4カ月は、それがほとんど毎日続くのです。

正直、私にとってもしんどい業務です。しかし、勘のいい、優秀なアドバイザーはだんだん電話をかけてこなくなりますので、プロモーション期間の後半になると夜の業電をかけてくるアドバイザーはだんだん減り、時間も短くなっていきます。それにより、アドバイザーの成長が手に取るように実感できることは、指導者としてとてもうれしいことでもあります。

では、どんなふうに指導をすれば、アドバイザーや研修生が着実に向上していくのでしょうか。

ダイヤの原石も、磨かなければ光りません。ダイヤの原石をいかに光らせることができるのか、それこそが指導者としての能力であり、腕の見せどころでしょう。

指導者に求められるもの

私たちのような中小企業には、上場企業に就職するようないわゆる「優等生」はほとんど入社してきません。そういう会社にはなじまない、良くいえば個性が強い、悪くいえばクセのある社員が大半です。私は、アドバイザーという仕事には個性的な人のほうが向いていると考えているので、そういう人をむしろ歓迎しています。それは、ココロカの厳しく鍛え抜かれた指導者なら、その子たちの個性を活かしながら、必ず優秀なアドバイザーに育てあげることができるという自負があるためです。

ただ、社内での研修やアドバイザーになってからの指導の際には、十分に丁寧な配慮をしなければなりません。上場企業に入る優等生たちと比べれば「一を聞けば十を知る」といった素早い理解力や論理的な類推力といった部分では負けている子たちが多いため、そのぶん、指導する側の工夫や努力が必要であり、指導力が強く問われるのです。

これを一言で言えば「相手に合わせた対応をする」ということであり、その意味ではプロモーションでのアドバイザー業務と、本質的には同じ考え方が通用します。プロモーション会場でも、お客様それぞれの個性や性格に合わせながら、同じ目線に立って話をしなければ相手にしてもらえません。

研修や指導も同じで、指導を受ける人の個性を見極め、目線の高さを合わせ、工夫を凝らした指導をすることで「明日もこの人から研修を受けたい、指導してもらいたい」と思ってもらえます。逆に言うと、そう思ってもらえる指導ができないなら、それは指導者側の負けであり、反省すべきは指導者側だということになります。指導をしても相手が上手くできないとき、「こんなこともできないなんて……」と相手の責任にするようでは、完全に指導者失格です。

私が考えるアドバイザー指導のポイントは、次の3点に要約できます。

（1）アドバイザーの個性や性格を見極める
（2）相手の目線の高さに合わせる
（3）細かく観察して、細かく褒めて成功体験を積ませる

アドバイザーの3タイプ

まず、相手がどんなタイプのアドバイザーなのか、研修生ならどんなタイプのアドバイザーとして育成するのが良いのか、その個性を見極めて性格や特徴に合わせた指導をすることが最初のポイントです。そのために知っておくと有益なのが、アドバイザーのタイプ分類です。成績優秀なトップアドバイザーは、主に次の3つのタイプに分類されます。

タイプ1：カリスマタイプ

人を引き込む魅力的なオーラを持ち、自然と周りに人が集まってくるタイプです。その人が「カラスは白い」と言えば、周りの人も「カラスは白い」と信じてしまうような、カリスマ的な影響力を発揮する場合があります。「天才タイプ」と呼んでもいいかもしれません。ただし、本人には裏づけとなる理屈があるわけではないので、その人のやり方や考え方をメソッドやノウハウとして一般化しにくいのが普通です。また、割合もとても少なく、私がココロカに入社してからの約20年間でも、このタイプのアドバイザーには10人も出会っていません。

タイプ2：尽くすタイプ

とにかくお客様に対して徹底的に尽くして、お客様のメリットになることならなんでもやるタイプです。その行動力を通じてお客様から高い信頼を得ます。一般的にもっとも真似しやすいやり方であり、目標としやすいタイプです。

タイプ3：尽くされるタイプ

お客様に信頼されつつも、頼ることが上手で、「この人は助けてあげなくては」と思っていただけるタイプです。タイプ2とはベクトルが反対ですが、やはり多大な努力が背景にないとこのようには思ってもらえません。

指導者と指導を受ける側とのマッチングが非常に重要

例えば、いわゆる押し出しが強めで、自信に満ちている性格の人がタイプ3を目指しても上手くいきません。逆に少し弱気で、強く出ることが苦手な人はタイプ3を目指したほうが上手くいくことが多いでしょう。

あるいは、タイプ1の人を、無理やりタイプ2にしようとすると、かえってその人の良さを殺してしまうことになりかねません。

このように、その人がどのタイプに当てはまるのかをまず見極めて、それぞれの特徴、良さを活かす方向に育成することが大切です。

研修生を卒業してアシスタントになったあとは、リーダーや先輩などの指導者からアドバイザーとしての実践的な仕事を教えられます。そのときに、指導する側と指導を受ける側との性格的な相性が、非常に重要です。

まず、タイプ2の研修生であれば、タイプ2のリーダーのもとにつけるなど、同じタイプの指導者につけてあげることが必要です。また3タイプの違い以外に、指導方法も「褒めて伸ばすのが得意」「叱って伸ばすのが得意」など人によって得意な教え方に違いがあります。褒めて伸ばすのが得意な指導者に、叱られて伸びるタイプの子をつければ、伸びるものも伸びなくなるので、その部分での相性のマッチングも必要です。

ココロカでも昔はこうした指導体制を十分整備できておらず、挫折してしまうアシスタントも多かったのですが、今はその部分を非常に慎重に見極めているので、アシスタントの挫折が大幅に減りました。

ただし、タイプ1の人は真似ができないし、させられないことが普通です。そのため、「この研修生はカリスマタイプかもしれないな」と感じたときは、アシスタントとして先輩アドバイザーにつけることなく、私のもとでいきなりチームメンバーとしてプロモーションを任せることもあります。他のやり方を見せないほうが、長所をまっすぐ伸ばせるためです。

このタイプ分類は、ココロカに入社する前の職も含めて、長年にわたって営業の仕事をしてきた私の経験から得た、成績優秀な営業員に共通するもので、ココロカだけではなく、多くの業種の営業職で汎用的に当てはまる分類ではないかと思います。

営業パーソンを指導・育成しなければならない立場の人にとっては広く有用だと思われますので参考にされてみてください。

興味がなくても『ワンピース』や『キングダム』を全巻読破

タイプの見極めの次に「相手の目線の高さに合わせる」ということが、指導者に求められる2つめのポイントです。

例えば、20歳前後の女子大学生なら、その年代の女子だけが強く関心を持つ領域や話題があるでしょう。それは30代の既婚女性とも10代の男子高校生とも違うはずです。そこで、女子大学生を相手に話すのであれば、その人たちが関心を持ちそうな領域や話題を話の「つかみ」にしたり、たとえ話のネタにしたりすると、俄然興味を持ってもらえますし、理解をしてもらいやすくなります。

そこで指導者は、研修生などの世代が興味を持ちそうな話題や流行を幅広くチェックするよう、常に〝アンテナ〟を高く張っていなければなりません。

私は現在55歳ですが、『ワンピース』や『キングダム』といった人気マンガを全巻読みましたし、「ａｎａｎ」などの女性雑誌にも目を通して流行のファッションや商品も把握します。人気のテレビドラマは必ず観ますし、最新のヒットソングも常に聴いています。

正直、私個人としては、それらの作品などが好きなわけでも、さほど興味があるわけでもありません。しかし、指導者として必要なことだから、仕事として欠かさずにチェックしているのです。

そういった情報を幅広く知っておくことで、例えば『ワンピース』が大好きな研修生がいたら、「ルフィがあのときこう言っているだろ、それと同じことだよ」といった説明をすることができます。

そうやって目の前の相手の目線と同じ高さに立つことにより、単なる理屈としての「記憶」ではなく、本当に腹落ちした「理解」を得ることができるのです。それが、「この人の指導を明日も受けたい」という気持ちにつながります。

相手の目線の高さに合わせるということは、相手の気持ちに共感することでもあります。

そのために、私がもう一つ続けていることがあります。

アドバイザーは、知らない土地でさまざまなお客様や出来事と遭遇します。また研修生は会社に入って、新しいことを覚えるために日々苦労や努力をしています。

そこには自分の苦手なことや嫌いなこともあるでしょう。だれでも、自分が好きなことや得意なことは一生懸命に取り組みます。しかし仕事では、嫌いなこと、苦手なことでも、一生懸命やらなければなりません。むしろ、嫌いなことや苦手なことにこそ一生懸命取り組むことで、普通以上の向上や成長が期待できるのです。

そこで、彼・彼女たちの気持ちに共感するため、私も毎年、なにか新しいこと、それも興味がないことや嫌いなことに必ずトライすると決めています。

例えば、ある年にはテニスをはじめました。

私は大学時代、体育会のゴルフ部に所属して、一時期はプロゴルファーを目指して血のにじむような練習をしていました。そのため、テニスに対しては「軟派でちゃらちゃらした人がやっている」というイメージがあり、（真剣に取り組んでいる人には申し訳ないですが）正直言って好きではなかったのです。

しかし、とにかく新しいこと、しかも「自分が一番やりたくないこと」をやってみようという思いからテニススクールに入会しました。40歳過ぎてからの入会で、なかなか上達しないし、周りの人からは笑われてすごく恥をかきながら通い続け、亀の歩みのように少しずつ上達していきました。

嫌いだったことを、恥をかいて笑われながらも続けていくことで、研修生や、知らない土地で努力するアドバイザーの気持ちに少しでも通じるところがあればいいと考えて、今でも毎年、新しいことへのトライを続けています。

これも、相手の目線の高さに合わせるための一つの方法です。

今よりも少し大きい器を用意させる

目線の高さということでは、そのアドバイザーのレベルに合わせた指導というのも当然含まれます。これは、「器」の大きさに例えられます。

例えば、200ミリリットルのサイズのコップには、200ミリリットルの水しか入りません。500ミリリットルのサイズのビンなら500ミリリットルが入ります。大きい器には、それだけの量が入るのです。

そこで、プロモーション会場に500人を集めたかったら、最初からその目線とかプロモーションのスタイルを500人来るようなプロモーションにしなさいと指導します。

500人が会場に来るためには椅子は何脚必要になるのか？　100人集まったら、そのとき200人の準備をする、200人集まったら300人の準備をするのでは、小さな器から大きな器に何度も水を移すようなもので、そのたびに毎回壁が生じます。

最初から大きな器を用意する、つまり500人が来てもいい動きをしておけば、スムーズに500人が集まってくるだろうということです。もし今まで自分が200人、300人の集客を想定した動きしかしていなかったのなら、500人に合わせて、自分の目線や動き、内容を準備しておかなければならないのです。

人数が違えば用意する会場の広さや椅子の数も当然変わってきます。そのため、事前のロープレのときにも、200人集めるロープレと、500人のロープレ、1000人のロープレとでは、まったく違うものになるのです。「自分は今200人でも500人集めるのが上限だから、200人のロープレをしよう」ではなく、今は200人を集めるのが500人集めることを目指すなら、最初から500人のロープレをしなければなりません。そうやって、より高いレベルへと、本人たちの（意識ではなく）「行動」を変えていくのです。200人が上限のアドバイザーも、考えとしては「500人集めるようになりたい」と意識はしています。しかし、具体的な行動が伴わなければ、その実現は難しいのです。そこで、その人の今の段階に合わせて、行動を変えてあげることが指導者の役割になります。

ただし、200人が上限のアドバイザーに、1000人の対応をさせようとしても、いきなり飛躍しすぎで失敗します。その人の現在のレベルに合った、無理のない次の目標を設定させることがポイントです。

丁寧に細かく見て、細かく褒める

「個性を見極める」「相手の目線に合わせる」に次いで、指導のポイントの3点目となるのが「丁寧に細かく見て、細かく褒める」ことです。

一例として、プロモーション中に毎日上げられる日報のチェックがあります。日報では、総集客数、1日集客数、リピート客数、リピート率、売上台数など、約20項目の数字が毎日報告されます（プロモーション期間によって変わるのですべてではありません）。指導者は、そこに書かれた数字が昨日と比べてどうか、あるいは1週間前と比べてどうか、変化を確認するわけですが、全部の数字が悪くなっているということは通常ありえません。

全体的には少し落ち込んでいても、どこか向上しているところがあれば、そこを見つけて褒めてあげます。

例えば、ある日にお客様が20人増え、その内訳が自分で新規に呼んだ人が10人、他のお客様からの紹介で来てくださった人が10人だとします。紹介でお客様が増えるのはとても良いことなので、「紹介で来てくれた方が半分の10人もいるなんてすごいな。調子いいな」と褒めます。

次の日は、同じ20人でも自分で呼んだ人が15人で紹介が5人だったとします。そのときには「がんばったな、15人。よく一人で15人も呼べたな。すごいぞ」と褒め、「これでまた昨日みたいに紹介が10人になったら25人に増えるぞ。その調子でがんばれ」と褒めます。見方によっては「紹介が5名も減って、ダメじゃないか」と言うこともできますが、あくまで褒めるところを見つけるのがポイントです。

そして、相手の良いところ、褒められるところに気づくには、全力で相手と向き合い、常に相手に注意を向けて観察していることが必要です。そうすれば、

「今朝はいつもよりも挨拶が元気でいいね」

「今日の朝礼の話は、知らなかったな。教えてくれてありがとう」

「その質問が出るのは、ちゃんと予習してきたからだね」

「君が最初に質問してくれたから、他の人も質問しやすくなったよ」

「お客様にそんなふうに言われたのは、君の話が良かったからだね」など、褒めるところはいくらでも見つかります。逆に、適当に、ぼんやりと相手を見ていては、褒めるところも見つかりません。

もちろん、どんなときでもただ褒めるだけではダメです。設定した目標に達しないときなどは、きちんと叱って、なぜ達成できなかったのか、達成するためにはどうすればいいのかなどを考えさせることも当然大切です。

しかし、失敗や不成功を反省して前向きに考えるためには、まず小さな成功体験が必要なのです。研修生やアドバイザーにとっては、社長やマネージャーから褒められるというのはそれ自体小さな成功体験です。褒めることで成功体験を与えて、前向きな態度を育成しておくからこそ、失敗で叱られても、反省して乗り越えることができるようになるのです。

また、ある程度経験を積んだアドバイザーへの指導の場合も「加点主義」で褒めていくことが大切です。アドバイザーの仕事は、結果さえ出せればプロセスは（ルール違反を除けば）問われません。すべての「売り方のパターン」に対応できるようになる必要は、まったくなく、自分の個性を活かした売り方ができればいいのです。

そこで、減点主義で不得意な部分を埋めていくような指導よりも、加点主義で得意なところを伸ばしていく指導のほうが、限界を突破しやすく、より大きな成功に結びつきやすくなります。研修生や経験の浅いアドバイザーだけではなく、経験豊富なアドバイザーでも、注意深く良いところを観察してそこを伸ばしていくことが基本です。

指導記録は、指導者にも部下にも大きな財産となる

言うまでもないことですが、どんなときに褒めてどんなときに叱るのかは、常に一貫していないといけません。指導を受ける部下にとって最悪なのは、同じようなことをしているのに、あるときには褒められてあるときには叱られるような、指導者の気分次第の指導です。こういう指導者では、部下がまっすぐに成長することはできないでしょう。

とはいえ、人間は機械ではないので、同じインプット（五感の刺激）があったときに常に同じアウトプット（言動）ができるとは限りません。むしろ、そのときの体調や気分によって、ブレが生じるほうが普通の人間でしょう。つまり、似たような部下の行動に対して、ある日と別の日で異なる反応をしてしまうことがあるかもしれません。

そこで、それを防ぐために大切なのが指導記録です。自分がだれに、どんな指導をしたのか記録し、常にそれを確認するようにしておけば、指導のブレが防げます。私がそれに気づいたのは、指導者としての仕事をはじめてからしばらくして、業電による指導の記録を集計したことがきっかけでした。

当時、会社から携帯電話が支給されていたのですが、それだと自分がだれにどれだけ指導をしたかの時間履歴がわからないため、個人の携帯電話を使ってアドバイザーの指導をするようにしました。そして、携帯電話会社から相手番号ごとの通話時間の集計をもらい、いつ、だれと、何分話したのか、さらにはその会話の中でどんな指導をしたのかの記録をはじめました。その結果、そのアドバイザーのプロモーション内容、実績数値がどのように変化していったのかもあわせて記録しました。

質問の内容も、声のトーンで、本当に壁を乗り越えたくて聞いてくるのかとか、単に義務的に質問をしなければならないから聞いているらしいとかだいたいわかりますので、そういったことや、同じ質問を何度もしてくるわかりにくいポイント、あるいはそういうタイプのアドバイザーの行動様式とか、そういうことも記録していきます。

そういった記録を1年くらい続けて、膨大な量のデータを集め、詳細に分析をしたのです。

すると、「こういう質問が出たときにはこんな指導をすると売れてくる」とか、「こういう業電をかけてくるタイプの子にはこういう指導をすると効果的だ」、「プロモーション期間中にこれくらいのカーブで業電時間が減ってくる子は、これくらい伸びる」といったことが、かなり詳細にわかってきたのです。このときの分析データは現在に至るまで、非常に役に立っています。

また現在はグループウェアを使っているので、アドバイザーが、例えば「不眠についてこんなトークをした」という内容を文章にまとめて送ってきます。私はその文章を添削して、「ここはいらない、ここにはこういう言葉を追加する」といったコメントを入れて返信します。これを私のもとにいるすべてのアドバイザーについて、3カ月なら3カ月のプロモーション期間、毎日行うのです。とても大変な作業ですが、こうして残るデータも、私たちにとっては非常に貴重な財産となります。

もちろん、アドバイザー各自のプロモーションの成長にもつながりますし、将来、そのアドバイザーが指導者になったときに、部下を指導するための資料としても、絶対に使えるノウハウだからです。自分が受けた指導のノウハウは、自分の貴重な財産であるとともに、その財産はのちの世代に伝えて引き継いでいけるものです。これが蓄積したものこそ、その企業の本質的な力、つまり「組織能力」「コアコンピタンス」などと呼ばれるものになっていくのでしょう。

そのため、消えてしまいやすい口伝だけではなく、きっちり文章やデータとしてノウハウを残してあげることも、指導者としての重要な役割だと私は考えています。

コミッション制度でもお互いのノウハウを共有し合う

ところで、本章の最初に触れたように、アドバイザーは努力によって、他社で働く同世代と比べて、格段に高い給与がもらえる可能性があります。

給与システムは、まず基本給（固定給）と、営業手当、出張手当などの諸手当、そしてプロモーション会場での売上に応じて支給されるコミッションが賞与に加算されます。研修期間を終えたアドバイザーは、プロモーションでの一定期間の成績に応じて基本給が段階的に変化します。しかし最低でも、基本給＋諸手当で年収300万円を切ることはありません。また、実際には本当に最低水準の人というのはほぼ存在せず、大半の社員はそれよりも高い給与を得ています。

そのため、いわゆるフルコミッションの営業会社と異なり、すべての社員は成績にかかわらず安定した一定の生活はできるという精神的な安心感の中で、じっくりとアドバイザーとしての研鑽を積むことができます。

それに加えて、アドバイザーとして担当したプロモーション会場での販売実績に応じたコミッションが支給されます。コミッションにも売上に応じて段階があり、一定の基準に達していなければ得ることはできませんが、よほど悪い結果でない限り最低額のコミッションが得られます。

アドバイザーは基本的に年に2回、プロモーション会場を担当します。リーダークラスの経験豊富なアドバイザーになると、1回の会場だけで1000万円以上のコミッションを得られるため、年収としては相当の金額になります。世間の平均から見れば高額ではありますが、アドバイザーのお客様へのお役立ちや、世の中にもたらしている貢献度から考えれば、決して高すぎるということはないと私は考えています。

同じように研修や指導を受け、同じようにプロモーション会場に立つ同期入社のアドバイザー同士でも、大きな年収差となることは普通です。場合によっては、先輩よりも後輩のほうが何倍も高い年収をもらっているということもありえます。これは、がんばれば報われるやりがいも厳しさも両方ある仕組みです。

このような年収差があると聞くと、「競争、競争でいつもせきたてられて、ギスギスした雰囲気の社風だろう」とか、「成績上位のアドバイザーは、同僚に対して自分のプロモーションのテクニックを絶対隠すだろう」、「先輩は、後輩に追い抜かれないように、ノウハウを教えないいんじゃないか」といったことを思われる方もいるかもしれません。

確かに、いわゆるフルコミッション給与制の営業会社の場合、そういう風潮が見られることがあります。しかし、現在のココロカの場合、まったく正反対です。社長の私がいうのも変ですが、びっくりするくらい、全員が互いにノウハウやテクニックを教え合い、共有し合っています。

不毛な足の引っ張り合いよりもノウハウの共有で全員が幸せに

なぜこのような風潮があるのかというと、アドバイザーをはじめ、全社員が「高電位治療器で多くの人を健康にする」という理念に共鳴し、その使命感を持って働いているという理由があります。単にお金のためだけに働く会社ではないということです。

また、仮にコミッションがゼロであっても一定水準を保証している給与制度も一つの理由でしょう。生活が保証されている安心感が、互いを思いやり信頼する精神的な余裕を生んでいる面があると言えます。一度でもオフィスを見学してもらえばすぐわかりますが、本当にいつも笑いが絶えない、明るい職場です。

さらに、ノウハウを共有したほうが、結局自分のためになるということをアドバイザー全員が理解していることも挙げられます。

もし仮に、コミッション報酬が、相対評価で上位10％の成績優秀者だけに与えられるという「ゼロサムゲーム」（一定のパイの奪い合い）だとしたらどうでしょうか。

だれかがコミッションをもらえれば、その分、他の人はもらえなくなります。当然、奪い合いの関係になります。そうなると、自分の実力を上げることよりも、ライバルを蹴落とすことで、実利を得ようとする人も出てくるでしょう。

そういう環境では、自分が独自に編み出した業務ノウハウ、営業テクニックなどがあった場合、ライバルにそれを教えても、出世競争ではマイナスにしかならないので、それを秘密にしようと考えるのが自然です。

しかし、ココロカでは、会社から支給するコミッションは、ゼロサムゲームではありません。絶対評価に基づくものなので、基準をクリアしたアドバイザー全員に支払われます。そのため、独自ノウハウを秘密にする必要がないのです。

むしろ、互いにノウハウを共有し合い、スキルを高め合ったほうが、各人が成績を上げるために効率的だという面もあります。ときには、互いが持つノウハウを検討することで、今までにはなかったより優れたやり方が生まれることもあるでしょう。それを全員で共有すれば、アドバイザー全員にとって幸せな状況が生まれます。

こういったことから、ココロカのように成績の絶対評価を基準にしてコミッションを支給する制度では、自分のノウハウを隠すという人は、ほとんど出てこないのです。

さらに、アドバイザーは「環境が自分を作る」ということをよく理解しています。

例えば今、周りの人たち全員にやる気がなくて、「売れても売れなくても、どっちでもいいや。適当にやって、固定給だけもらおう」と考えてだらけている人ばかりの職場と、逆に、「がんばってたくさん売って、たくさん稼ごう」と考えている人ばかりいる職場とがあり、どちらを選んでもいいとします。

このとき、やる気のある人は、絶対に後者の職場に行きます。やる気も能力もある人たちとの切磋琢磨を通じて良い刺激が受けられる環境のほうが、絶対に自分自身を高めるということをよく知っているからです。

ココロカでも、自分の同僚や後輩、自分が教えた研修生が自分よりも稼ぐアドバイザーに成長していくことは大歓迎されます。後輩や研修生がどうすれば売れ、アドバイザーに成長するのか、リーダーやマネージャーたちは本当に真剣に考えています。逆に後輩や研修生から見れば、いくらでもどん欲に自己の成長を求めることができる職場になるということです。

このように、ココロカのアドバイザーは、お互いに足を引っ張り合って同僚や後輩の成長を妨害するようなことはしません。しかしそれはいわゆる「馴れ合い」とは違います。アドバイザーたちは、同じステージの上で正々堂々と競争するライバルであることも確かです。

例えば、プロ野球チームにおいては、チームメンバーは信頼すべき仲間でもありながら、同じ野球という競技の中で、より良い個人成績を競い合うライバルでもあります。一流のプロ野球選手が、チームメンバーや後輩の向上を邪魔するようなことはありえないでしょう。しかし、当然ながら自己を向上させるための練習を常に欠かさず、同じチーム、同じポジションのなかでナンバーワン選手となることを目指すはずです。

アドバイザーも同じで、より多くのお客様の信頼を得て、実績数字を向上させるという点においては、だれもが常に社内ナンバーワンを目指していますし、自分の仕事にプライドを持っているのです。

ですから、アドバイザーはプロモーション会場を担当しているときは、お客様にたずねられても、基本的に他のプロモーション会場を教えることはしません。例えば、仙台でプロモーションをしているときに、常連さんから「青森にいる親戚にも、ぜひ治療器を使ってもらいたいのよ。青森のほうでやっている会場はないかしら?」と聞かれたときは、「ぜひこの会場に呼んできてくださいよ」と言います。「○○さんは、機械だけ手に入ればそれでいいんですか? ぼくが説明したほうが、絶対喜んでもらえますよ」などと話して、自分の会場に来てもらうようにします。だからこそ、隣の県から1時間、2時間と時間をかけてでも、そのアドバイザーに会うために来場してくれるお客様ができるのです。

他の人を引きずり降ろすのではなく、あくまで自分の魅力、自分の力を高めることでお客様を集め、競争をしているのが、ココロカのアドバイザーたちです。

一流アドバイザーになるには自己投資が欠かせない

ココロカは、成長を求める人にとっては、その要求に応える環境を用意している会社だと自負しています。しかし、本当にどん欲に成長を求める人は、職場以外でも自己投資を欠かすことはありません。

ココロカのアドバイザーの多くは、同世代の世間水準と比べれば、はるかに高い給与を得ています。性格が真面目な子は、生活費を除いた残りを全部貯金したりするのですが、私は彼・彼女たちに対して、「稼いだお金を全部貯金したりするなよ」といつも言っています。「半分までは貯金してもいいよ。でも少なくとも半分は使いなさい」と。

それはもちろん、無駄遣いをしろということではなく、自己投資の勧めです。

例えば、一流レストランで飲食をする、旅行に行って一流ホテルに泊まる、それも自己投資です。そこで意識をしていれば、一流の接客から学べることはたくさんあるでしょう。一流のアート、音楽、劇などにたくさん触れることは、プレゼンテーションの勉強になるはずです。また、専門学校に通って心理カウンセラーやファイナンシャルプランナーの資格を取るアドバイザーもいますし、休暇の間にセミナーに通って発声法やメンタルコントロールについて学ぶ人もいます。そうやって、経験や知識を積んで自分自身を磨くことが、必ず自分自身の仕事に活かされます。

プロモーション会場での20分間のプレゼンテーションでは、さまざまな話題について話をしなければなりません。病気についての知識はもちろん、これからの日本の社会や経済がどうなっていくのか、税金や医療費、健康保険、年金などの制度がどう変化していくのかといった話もときには展開します。

そういう知識を身につけるために、お金や時間を使うことも立派な自己投資であり、アドバイザーとしての成長の糧になるので、多くのアドバイザーが身銭を切って、意識して取り組んでいます。

スランプで辞めたくなったときがアドバイザーのスタート地点

社内での研修教育や指導と、社外での自己投資や自己研鑽を2年、3年と続けていけば、まず間違いなく、アドバイザーとして大きく成長することが可能です。

しかし、その成長は比例のグラフのような直線にはなりません。成長を表す線は、大きく上昇するときがあれば、あまり伸びない横ばい状態のときもあり、ときには少し下降してしまうときもある波のような軌跡を描きます。

多くのアドバイザーは、新入社員として入社して、2、3年間はがむしゃらにがんばることができます。成長度合いが多少下降しても、すぐに上昇に戻すことができるのです。

しかし、基本的にハードな仕事ですので、3年以上続けていくと、簡単には抜け出せない大きなスランプにおちいってしまうこともあります。

そうなると「辞めたい」と考えることが多くなります。数字としてシビアに結果が表れる仕事ですから、「もう自分にはこれ以上数字は伸ばせない」と思うと、どうしても「限界」だと感じ、そこから退職を考えてしまうのです。そして、社長の私に退職の意向を伝えてきます。

退職を希望する理由にもいろいろなものがありますが「スランプで限界を感じた」という後ろ向きの理由であるならば、絶対に引き留めます。

ただ、実際には本人から伝えられる前に「この子はそろそろ危なそうだな」と、私のほうで気づくことがほとんどです。先にも述べたように、個々のアドバイザーのことは非常に注意深く細かく観察しているので、そういう気持ちの変化があれば、だいたい察知できます。そこで、スランプにおちいっているアドバイザーには、特に入念に声をかけるようにします。

それでも、アドバイザーが「辞めたい」と言ってきたとき、私はあわてることなく「ダメだよ」と答えます。「ダメだよ。辞めさせないよ」と。なかには、それだけで「はい。わかりました」と言って翻意をする人もいるのです。しかし、それでも「いや、辞めます」と言う人ももちろんいます。

少々極端な言い方かもしれませんが、私は、「辞めたいと思ったときが、アドバイザーの本当のスタート地点」だと考えています。

アドバイザーの仕事は、多くのお客様の健康を支えるものであり、信頼を得るためには全力でお客様に向き合っていかなければなりません。口先だけ、小手先だけで次々処理していけるような仕事ではないのです。そのため、真剣に取り組めば取り組むほど、ある意味で逃げ場がなくなっていきます。常に大変な仕事なのです。しかし、実績数字が急成長しているうちはその成長の喜びが、プレッシャーを上回っています。新入社員はゼロからのスタートで、最初は実績数字が増える一方なので、大変さを感じる割合のほうが少ないのです。

ところが、スランプになるととたんにその大変さやプレッシャーだけが重くのしかかってくる感じになります。そして「もう限界だ」と思ってしまうのです。

しかし、そこまで自分を追い詰めているというのは、本当に真面目に、10割の力を出し切って努力していることの裏返しなのです。最初から力を抜いて、7割とか8割の力で働いている人は、成長が止まっても限界だと感じることはありません。努力もそこそこ、成果もそこそこという人のほうが、辞める気にはならないのです。

ですから、「もう限界だ」「辞めたい」と思っているアドバイザーには、まずそこまで自分を追い込んで努力できた素晴らしさを認めてあげます。そして、そういう人だからこそ、ココロカの仕事の本質、お客様の健康を支えて喜んでいただくという理念を、しっかり理解できているはずです。

スランプを乗り越えたアドバイザーが、辞められなくなる理由

「ダメだよ。辞めさせないよ」と言うだけで、その思いをけっこう理解してもらえるのです。しかし、それだけでは理解できなければ、時間をかけてこんこんと説いていきます。

「ココロカの仕事を本当に理解している君なら、今は苦しくてもその壁は必ず乗り越えられるし、そこを乗り越えれば、最後は必ず自分にとって幸せな状態になるはず。今大変なのはもちろんわかるけれど、この壁を乗り越えた自分と、ここで去った自分とのそれぞれの将来の姿を想像したとき、どちらが自分にとって理想の姿になるだろうか。ここまで追い詰められるほど努力したのに、それを捨てて、また他の会社でゼロからスタートするんじゃ、人生がもったいなさすぎる」

こういったことをじっくりと話して伝えるのです。

「もちろん、これまで以上にサポートや指導も厚くするから、例えば、あと1年だけがんばってみようよ、一緒に壁を乗り越えて、理想の自分を目指そう」

こうして時間をかけて説得すると、ほとんどのアドバイザーは、翻意してとどまってくれます。そして実際、そのあとの1年とか、2年は、再び急成長することが多いのです。

一度、退職まで考えた大きなスランプとそれを乗り越えた成長を経験すると、変な言い方ですが、もう辞められなくなります。もちろん、仕事の大変さやプレッシャーが変わることはありません。しかし、それにも増して、結果が出せたときのお客様からの賞賛、社内での賞賛と報酬、そういったものから得られる満足感のほうが絶対に大きいということに気づいてしまうからです。

プロモーション会場では、お客様に涙を流して喜んでいただき、会場クローズの際にはお客様が送別会まで主催してくれることもあります。そしてその後も、感謝の手紙を何通もいただきます。会社ではもちろん、よくがんばったと上司から褒められ、周りのアドバイザーからは賞賛と尊敬のまなざしを受け、多額のコミッション報酬をもらえます。そしてそのあとは、1カ月以上の長期休暇が待っているのです。

そういう達成感や充実感を何度も味わってしまうと、それを常に求める気持ちが大変さを上回るようになり、辞められなくなっていくことは間違いありません。私自身がそうだったので、その気持ちは痛いほどわかります。

こうして、ココロカにはトップアドバイザーと呼ばれる優秀者がどんどん増えていったのです。

「卒業生」たちとの良好な関係

「辞めたい」と言ってくるアドバイザーは、一度や二度は必ず引き留めて辞めさせないようにしますが、そこから数年間働いたあとに退職する人はいます。

辞める人には、正直にいえば、いい辞めかたをする人もいればそうではない人もいます。これは、多くの人が働いている企業ですから、仕方のないことです。

しかし、私はできるだけ「辞めますけれど、ココロカにいて良かったです。できれば今後もつながっていたいです」と言われて、辞めていただくほうが良いと思っています。これまでの実感としても、他の会社と比べればいい辞め方をして、さらには辞めたあとも良好な関係を築いている人が多いのではないかと感じています。私はそういう人たちを、ココロカの「卒業生」と呼んでいます。

退職理由として多いのは「ココロカでの目標を達成できた」あるいは「次のステップに進みたい」というものです。

例えば、入社前に「10年以内に1億円貯めたい」など、金額的な目標を設定している人はたくさんいます。人によっては3000万円かもしれませんし、5000万円かもしれません。そういう人は目標としていた金額が達成できると、辞めていく場合が多くなります。そしてその資金を元手にして、自分でお店を開いたり、事業を興したりして成功している卒業生はたくさんいます。

また、女性の場合は、一定のお金を貯めてから結婚して、安定した経済基盤のうえで専業主婦になっている人もたくさんいます。

そういう人たちの多くが、会社を辞めてからも、折に触れてココロカの高電位治療器を宣伝して、販売してくれるのです。例えば、ココロカを辞めたあとフィットネスクラブのビジネスを起ち上げた人がいますが、その人はジムに高電位治療器を置いてくれて、お客様にも勧めてくれます。また、飲食店を開業する卒業生も多いのですが、たいていはお客様に治療器を勧めてくれています。

もちろん、他の会社に転職する人もいますが、転職先の会社の社長さんにココロカの高電位治療器を勧めてくれて、それがきっかけでその会社とビジネス上のお付き合いが生まれた、ということもありました。

忘れられない卒業生に、カリスマタイプのアドバイザーだったKさんがいました。先に楽しそうに鼻歌を歌って研修ノートに絵を描きながら研修を受けていたと紹介した人です。Kさんは、もともとアート活動をしていた人で、ココロカを辞めたあとは「アーティスト」として有名になり、多くのファンを抱えています。そして今でも、イベントの際などに「自分はココロカという素晴らしい会社で働いていた。今の自分があるのはココロカのおかげ」と話してくれており、そのKさんの話を聞いて、ぜひ自分もココロカで働きたいといって、採用試験を受けに来てくれる人が何人もいました。

また、自分の父親の病気をきっかけに、自然農法による農作物の生産という異色分野に飛び込んで成功した元アドバイザーのFさんもいます。Fさんは毎年、自分の田で採れたおいしいお米を送ってくれるのですが、食の分野も私たちの理念である「健康」と大いにかかわるので、なにか一緒に事業ができないかを模索しています。

卒業生たちに共通しているのは、とにかくココロカの高電位治療器が本当に素晴らしいものだと実感しており、治療器が大好きだということです。そのため、辞めてから何年も経っても、治療器やさらには会社自体を、周りの方たちに紹介していただけるのです。本当にありがたいことだと感じています。

退職した人の中には、健康器具業界の同業他社に移る人もいます。ちょっと言いにくいことですが、この業界では「引き抜き」みたいなことが行われる場合があるのです。ココロカのアドバイザーが非常に優秀だということは業界内で知れわたっているので、他社はその人材がほしくて仕方ないのです。そこで、一時的にせよ、破格の好待遇を提示して引き抜いていこうとします。

実は、そうやって他社に引き抜かれた元社員と会って話をしたことがあるのですが、「やっぱり治療器はココロカのものが一番です。今でも自分の家ではココロカの製品を使っていますよ」などと言われて、かなり複雑な気持ちになったものです。

いずれにしても、私たちが多くの卒業生と良好な関係を続けていられることは、私たちの理念とそれに基づいた製品作りが間違っていないことの証であり、誇りに感じています。

第4章

経営危機を乗り越え、3年で売上160%増を実現した方法

～使命感から実現した経営改革～

直近の売上高は約19億5000万円。4期で1・6倍の増収を達成

ココロカの創業は1989年にさかのぼります。初代社長が神奈川県横浜市で創業し、高電位治療器の販売業からスタートしました。創業当初は販売会社でしたが、1995年には最初の自社製品を開発して、製造・販売メーカーへと発展しました。

その後、2005年に現在のココロカ株式会社に社名を変更します。

2008年には2種類の新商品を開発し、販売を開始しました。両製品では4件の特許を取得しています。

2012年、2016年にも、さらなる新機能を搭載した製品を開発し、販売を開始します。翌年には再び特許を取得しています。

この間、健康食品やサプリメントの開発、販売などにも着手するなど、高電位治療器以外の分野へも少しずつ足がかりを築いてきました。

私がココロカに入社したのは、ちょうど20年前の2000年です。当時はまだ、バイオテック株式会社という旧社名の時代でした（簡便化のため、以下では当時の会社のことも

「ココロカ」と記載します）。

その後、２０１３年に取締役社長、２０１４年には代表取締役社長となり、現在は代表取締役ＣＥＯの阿部直成とともに二人代表の一人として、お客様と社員のために日々奮闘しています。

30年前に創業者がほぼ一人ではじめた小さな会社は、今では従業員１２０名を超え、直近の第31期決算（２０２０年３月）では、約19億５０００万円の売上高を上げるまでに成長しました。

４期前の第28期決算（２０１７年３月）では、売上高は約12億円の見込みでしたので、この４年間で約１・６倍まで伸長しています。売上高の伸びだけが会社の良さを測る物差しではありません。しかし売上高の伸びは、より多くの治療器が販売できていることを示しています。ココロカの事業と商品、ひいては私たちの理念が、より多くのお客様に受けいれられていることの証ですから、素直に喜ばしいことだと感じます。

ここに至るまでの道筋を振り返ると、それは決して平坦な道ではありませんでした。それどころか私が入社したあとでさえ、ココロカは何度かの危機に見舞われ、それをなんとか乗り越えてここまでやってきたのです。

私が２０００年に35歳でココロカに入社したときには、社長になるなどということはまったく考えてもいませんでした。むしろ、経営者などというのは、自分の性格にはまったく合わない、対極にあるポジションだとさえ考えていたのです。

しかし、社長就任前のココロカは危機の時代を迎えており、下手をすると会社の存続さえ危ぶまれる状況でした。そんななか前社長に請われたとき、ココロカが大好きで恩義も感じていた私は、もし自分が社長になることでココロカが立ち直るきっかけになるのならと、決して自分に向いているとは思えなかった社長業を引き受けることにしたのです。

私がなぜココロカを大好きになったのか、なぜ社長に向いていないと考えていたのか。さらに、なぜ社長を引き受け、その後どうやって危機のココロカを立て直していったのか、それをご説明するために、私が生きてきた半生からご説明していきます。

大学時代はゴルフ部でプロを目指すも挫折

私は小学校から中学校にかけて、勉強が苦手で成績は最悪でした。

これには理由があって、小学校3年生のころ、ちょうど学年の切り替わりのころに家の引っ越しがあったのですが、そこで1カ月くらい学校に行かない期間があったのです。今だと考えにくいですが、昔の話なので親も学校もおおらかで、1カ月くらい学校に行かなくてもいいか、みたいな感じでした。そうしたら学習に遅れてしまい、以後、どんどん勉強が苦手になってしまったのです。

その一方で、絵を描くのは得意で図工の成績だけは良好でした。それで、中学校に上がると、絵が苦手な同級生の代わりに美術の課題を描いてあげて、1枚いくらで報酬をもらうみたいな小遣い稼ぎをやっていました。商売歴だけは長いのです。

そんな感じだったので、中学校の先生からは「行ける高校ないよ」と言われたりもしたのですが、さすがに高校くらいは出ておかないとまずいだろうということで、母親に勉強を教えてもらいました。その結果、国語と数学だけはできるようになり、英語は全然だめだったのですが、なんとか都立高校への入学を果たします。

高校を選ぶときに中学校の美術の先生に言われたことで、とても印象に残っている言葉があります。「渕脇君、これは先々わかるけども、1番と、2番3番とでは全然違うから。レベルが高い高校でも、低い高校でも1番だけはやっぱり格別。2番以下はどこも一緒だから。高校に入ってから、どの分野でもいいけれど、常に1番になるっていう意識を持ってやりなさい」と言われたのです。「1番になれば世界が変わってくるから」と。そのときは「ふーん」と思っただけですが、後々、確かにあのとき先生が言った通りだなと感じることが何度もあり、とても影響を受けた言葉でした。

高校では野球に夢中で勉強はそこそこでしたが、幸い推薦を得ることができて、日本工業大学に入学しました。

大学では、体育会のゴルフ部に入りましたが、別にゴルフが好きだったわけでもなんでもありません。別の体育会の部に強引に入会させられそうになって、そこよりはいいかと思って入部したのです。

最初はさして興味がなかったのですが、やってみるとゴルフがだんだん面白くなってきて夢中になりました。体育会のゴルフ部に入るような学生は、ほとんどが子どものころからゴルフの英才教育を受けてきたエリートたちばかりです。そのなかで、大学ではじめてゴルフに触れた私は、エリートに負けたくないという気持ちもあり、放課後に家の近所のゴルフ場でアルバイトさせてもらうことにしました。そこはプロの研修生が通っているような練習場だったので、アルバイトの時間のあとは、研修生たちに交ざって練習させてもらうことができました。そしてランニングで家まで帰り、そこからさらに家の裏で夜中の1時くらいまでかけて、1000回素振りをするのが日課でした。

そうやって、たぶん他の部員の2〜3倍は練習していたので、2年生で部のレギュラーになれました。そのころのスコアは、だいたいアベレージでハンデが4でした。キャディーとしてコースを回ったりしているうちに、アルバイト先のオーナーから、「うちで研修生になって、プロを目指してみるか？」みたいな声もかけてもらってその気になっていたのですが、それが親にバレてしまい、当然ながら、猛反対されました。

しかし、親に反対されたからといって諦める気持ちはありません。関東学生大会という大きな大会があり、そこで上位に入るとプロテストが1回無条件で受けられました。そこで、その大会で上位入賞して実力を証明して、もう1回親を説得しようと思いました。

ところが、大会ではあまりのプレッシャーで大崩れして、1次予選で落ちてしまったのです。本大会はおろか、2次予選にも進めませんでした。

自分のふがいなさに悔しい思いをしましたが、「こんなところでプレッシャーに負けているようでは、プロの世界で生きていくなんてとうてい無理だ」と思い、ゴルフの道はすっぱり諦めました。「限界まで十分やり尽くした」という気持ちがあったので、後悔はありません。クラブなどの道具も全部捨ててしまいました。

ちなみに、今もゴルフのテレビ観戦は好きですが、自分でプレイすることはありません。

ビジネスで一流になるため、ＯＡ機器販売会社に営業職で就職

それからほどなくして就職活動の時期となりました。理工系の学部なので、周りは大学院に進学したり、エンジニアとして就職したりする人がほとんどです。

私は、ある教授が勧めてくれたＯＡ機器販売代理店に、セールスエンジニアとして応募していました。そのとき、会社から「渕脇さんは営業をやる気はないですか」と聞かれたのです。

私は少し前まではゴルフの道で一流になりたいと思っていましたが、その道を諦めてビジネスの道に進むことにしました。そのため、「ビジネスの道で一流になろう」と強く決心していました。

そこで、ＯＡ機器販売代理店の採用担当者に「どちらがいいのか、正直わかりません。ただぼくはビジネスマンとして一流になりたいと考えています。もし、営業をやることで一流になるチャンスがあるのなら、営業をやりますので採用してください」と答えたのです。そして、営業職として採用されました。

当時、理工系大学から営業職にいくなんて「大ばか者」扱いです。ゼミの仲間にも、友

人にも、家族にも、大反対されました。まして、私は当時とても無口で、あまり話すのが得意ではありませんでした。それもあり「お前に営業なんてできるわけない」と、散々言われたものです。それにはかなり凹みましたが、それでもビジネスの道で一流を目指すという信念があったので、進路を変更することはありませんでした。

入社前の3月、「一流になりたい」などと生意気なことを言ったためなのかどうかはわかりませんが、全新入社員（500名程度）から二名選ばれたうちの一人として、先輩社員達に交ざって、いわゆる「地獄の研修」と呼ばれるような特訓研修を受けさせられました。今ならパワハラ認定間違いなしですが、そこで鍛えられたことはある程度効果があったようです。

4月からは飛び込みでの新規開拓営業をしました。OA事務機器の営業といえば立て板に水のトークを展開する人が多いなかで、私はボソボソと少しだけ話して、あとはほとんどだまってお客様の話を聞いているという珍しいスタイルでした。

最初にコピー機を購入していただいたお客様のところに、1カ月くらいあとに再訪したときになぜかお客様が泣き出したので、「機械にトラブルでもあったのかな？」と思ったら、「渕脇君、まだがんばっていたんだ！　てっきり辞めているかと思ってたのよ」と言われたのです。「君は営業に向いていないから、たぶんすぐ辞めちゃうかクビになるだろうと思って、それで、うちで1台ぐらい買ってあげようかって社長と相談して買ったんだから」とも教えてもらいました。

そのときに、「ことさらできる営業マンを演じなくても、自分のようなタイプのほうが信頼されるのかな」と感じたのです。それからは、なんとなくコツをつかんで、成績はどんどん上がっていきました。それで「このままトップを狙おう」と考えました。

そして、同期入社が500人ほどいるなかで実際にその年の成績トップになり、新人賞をいただきました。そのときは偶然ではなくて、トップを狙っていって実際に1位になれたことで、その後につながる大きな自信がついたものです。

叩きのめされた裏切りとそこから立ち直らせてくれた母の言葉

それから3年間、飛び込みの新規開拓では、先輩も含めて全社でほぼトップセールスを続けました。中学校の先生に言われた「1番になれば世界が変わってくるから」という言葉は本当だったなと、しみじみと実感しました。

しかし、いいことばかりではありませんでした。入社後1年くらい経ったときに、忘れられない出来事があったのです。

簡単に言うと、自分が開拓したお客様への販売実績が、自分ではなく先輩の実績数字として計上されていたのです。しかもそれは私をかわいがってくれて、信頼していた先輩でです。

私は本当に叩きのめされた気持ちで、会社が信じられなくなり、辞めようかなと思いました。それで、母親に電話して話をしたところ、「良かったね」と言われたのです。「お前みたいに、学生のときから好きなことだけやって、特に苦労もせずに会社に入ってうまくやっていたような人間が、営業なんていう厳しい世界に入ったら、いずれこういう目にあうことはわかっていた。でも、もしこれが3年後だったら、お前は絶対に立ち直れなくなっていたよ。今、まだ駆け出しのときに、こういう厳しい経験、勉強をさせてもらって、本当に良かったんだよ」と。その母の言葉で、私はなんとか気持ちを切り替えて、その後も仕事を続けることができたのです。

営業を辞め、建築会社で働く

私はＯＡ機器販売会社に入社したとき、３年間だけそこで働くつもりでした。というのも、私の父は建築会社を経営しており、その後継者問題があったからです。父の会社は最盛期には40～50名ほどの従業員を雇用し、売上高は４～５億円ほどあったようです。私は５人兄弟の長男でしたので、いずれは父の会社を継ぐものだと、父も従業員の方たちも考えていました。

私自身は、中小企業の経営者として非常に苦労する父の姿を見ていたことや、建築の仕事が自分には合わないと感じていたことなどから、会社を継ぐ気はなく、それは両親にも伝えていました。しかし、あるとき、母親から「合う合わないというのは、トコトンやった人間が言えることだよ。やったこともないあなたが『自分に合わない』と言っても、お父さんは納得しないし、これからずっと『継げ、継げ』って言ってくるよ」と言われます。

そこで、一度は建築業界でトコトン働こうと考えました。もしそこで、その仕事を続けてもいいと思うなら、父親の会社を継いでもいいし、そう思わなければそのときにまた考えようと思ったのです。

そうして、父の会社と関係があったある小さな建設会社のA社に雇ってもらい、修行の道に入りました。A社のY社長は仕事には非常に厳しい人でしたが、信頼した部下は徹底的に守る男気にあふれた人物で、私は大小の失敗をして叱られることも多かったのですが、非常に良くしてもらい、建築の仕事を覚えていきました。

しかし、4年ほどA社で働いたある日、やっぱり自分にはこの仕事は向いていないと実感する出来事が起こります。

A社で請け負った、都内の某高級ホテルの建設工事があり私が現場を担当しました。ほぼ完成というある日、Y社長が現場にきて建物を見ながらこう言いました。「渕脇くん、終わったね。すごく綺麗だね。よくがんばった」。そして本当にうれしそうにカメラで建物の写真を撮りはじめたのです。うれしそうな様子で、あらゆる角度から何十枚もの撮影を続け、あれこれと建築について語るY社長を見て、「この人は、建築というものが本当に好きなんだな」と感じました。

しかし、私自身は自分が担当したにもかかわらず、そこまで喜びは感じません。大きな仕事を無事に終えた安心感はありましたが、建物自体に対して特に愛着は感じないし、Y社長のように夢中になれません。子どものようにはしゃいで喜んでいるY社長の姿を見ながら、「自分は、OA機器を買ってもらったときのほうがうれしかったな」と思っていたのです。

そのとき、やっぱり自分はこの業界にいてはいけないと感じました。そしてその気持ちを両親に正直に話して、自分はやはり建築ではなく、営業の世界で生きていきたいと伝え、最終的には受け入れてもらいました。現在、父の会社は弟が継いでいます。

また、Y社長にも同じように話し、お世話になったご恩を忘れないと伝えてA社を去ったのです。

"ブルコミ"の営業会社で部下を育てる喜びを知る

OA機器販売会社とA社で働いていた約7年間で、ある程度の貯金ができていた私は、両親に本当に諦めてもらおうという気持ちと、気分転換をかねてニュージーランドに渡り、そこで半年ほど暮らしました。現地ではスノーボード三昧の日々です。昔のゴルフ時代のように、スノーボードにもかなり熱中しましたが、もう十分やり尽くしたと感じたとき帰国しました。

東京に戻った私は、求人広告で、英語とコンピュータの教材を販売しているB社を見つけ、応募したところ採用されました。

B社は、基本給がまったくない、いわゆるフルコミ（フルコミッション：完全歩合給）の給与体系で、売れなければ給料はゼロの厳しい世界です。また、以前のOA機器販売会社での業務は法人営業、いわゆるBtoBでしたが、今度は個人を相手にしたBtoCの業務なので、違いもあります。不安がないわけではありませんでしたが、とにかく営業の仕事がしたかったですし、まだ貯金もだいぶ残っていたので、「もし結果が出せなくても、しばらくは貯金で食べていけばいいや」と思って、入社しました。

入社後、3カ月は研修期間でその間に一定の売上を立てることが求められます。私は1カ月でその売上目標の達成ができました。そして、入社後半年でマネージャーに昇格しました。当時のマネージャー昇進の最短記録だったそうです。

マネージャーになって、多いときには8名ほど部下がつきました。そこでの営業の仕事は私には向いており、マネージャーとして部下の管理をしながら、自分でも一定の売上を上げ続けました。

しかしやはりフルコミは厳しくて、私の部下のなかにも、なかなか成果が出せなくて辞めてしまったり、メンタルの調子を崩してしまったりする人も少なからず出てきます。私は自分の売上のうちいくらかを、会社に報告しないで常に「在庫」としてストックしておき、今月は売上の調子が悪そうだなという部下がいたときは、その「在庫」を回して部下の売上にしていました。

会社も当然それに気づきますが、そういうやり方は会社からすると面白くなかったのでしょう。「会社のやり方に逆らう渕脇は、生意気なやつだ」といった見方が、会社上層部に生じていることが耳に入ってきました。

私はとにかく営業の仕事でずば抜けた成果を出して、「常識を超えた営業マン」「突き抜けた営業マン」になりたいという気持ちしかありませんでした。会社に評価されるとか、出世とか、お金とか、そんなことには一切興味がなかったので、会社からどう思われようがまったく気にしていませんでした。そういう態度だから、ますます生意気だと思われたのかもしれません。

そんな私を、直属の上司となるブランチマネージャーはよくかばってくれて、むしろ上層部に「渕脇をもっと評価してやってください」と申し入れたりしてくれていたようです。

ところがあるとき、そのブランチマネージャーは、半ばクビのような形で辞めさせられてしまいました。あまり納得のいかない不透明な辞めさせられ方だったため、自分の将来を少し考えはじめるようになりました。

一方では部下たちに目をやると、皆が皆、私のように売れるわけではありません。私は部下を指導し、営業のやり方を手取り足取り教えて、ときには自分の売上を部下につけてあげたりしながら、「フルコミというのは、人を幸せにしない仕組みだな」と強く感じるようになりました。また、部下からの信頼が厚くなってくるのを感じるにつれて、単に自分が売るだけではなく「部下を育てる。人を育てる」という仕事も、とてもやりがいのある仕事だと感じるようにもなっていました。

そんなときに、私をココロカへと導く1本の連絡があったのです。

断り続けていたココロカに入社したワケ

私に電話をくれたSさんは、私より歳下の女性ですがB社の先輩です。私が30歳でB社に入社した当時、Sさんは23歳か24歳で、別のブランチですでにマネージャーでした。

Sさんは天才的な営業員で、私はことあるごとにSさんのことをチェックするようになりました。Sさんもそんな私を気にかけてくれていたようですが、ほどなくして結婚という新たな幸せに向かって退社されました。

そのSさんから突然電話があり「渕脇さん、がんばっているみたいだけど、その会社はいろいろあるでしょう？　ずっとそこにいるつもり？」と聞かれたのです。私は「わかりません」と答えると、Sさんは「いい会社があるから、入る入らないは別にして、一度見に来たらどう」と誘ってくれました。それがココロカです。

Sさんは結婚に向けての準備でB社を辞めたのですが、そのお相手が、当時ココロカの社員だったのです。

当時、私は会社にはいろいろ問題も感じていましたが、仕事自体は面白く、会社を辞めるつもりはなかったので、Sさんの誘いはお断りしました。しかしそれから、だいたい毎月1回はご連絡をいただき、同様に誘われることが1年ほども続きました。

さすがに心苦しくなり、「転職するつもりはないですが、断る前提でよければ一度会社を見させてもらいます」と言って、ココロカで当時のマネージャーにお会いしました。

マネージャーから提示されたココロカの条件は、固定給があってコミッションもあって、休みは1カ月も取れるというもので、フルコミッションで働いていた私には、「話が上手《うま》すぎる」と感じられるものでした。ただ、話を聞いた限りでは仕事自体は「できそうだな」とも感じました。

そこで、高電位治療器のことや、市場のことを自分なりに調べてみると、製品自体は良いもののようだし、市場の将来性もありそうです。しばらく考えた結果、ココロカにお世話になることにしました。私が35歳のときです。

まったく売れなかったプロモーション。情けなさに震える

当時のココロカは、今とはかなり社風が違いました。新卒採用は行っておらず、アドバイザーの多くは他社で営業の経験を積み即戦力として転職してきた猛者ばかりです。業務マニュアルもほとんどありません。転職してきた私が、以前のB社でそれなりに実績を上げていたことは社内でも知られており、「お手並み拝見」といった感じで見られていました。そんな雰囲気なので、私と同時期に入社した同期が10人以上いて、1年後に残ったのはわずか二人だけです。

研修中は、会場への集客数のテストみたいなものがあって、そこで成績が良かった私はすぐにアドバイザーとして会場に立つことになりました。東京の東小金井にプロモーション会場があり、そこに通勤してアドバイザーとして会場に立つことになったのです。

しかし、はじめてのプロモーションの結果は散々なものでした。

当時、1会場で集客が300人を超えれば一人前だといわれていたところ、最初の集客数はたった160人。奮起した2回目のプロモーションでも、280人しか集客できませんでした。

この結果には我ながら落ち込みました。もちろん、一人前の数字を出せないということへの落ち込みもあります。さらに、実は、前職のB社から、私を慕って一緒にココロカについてきてくれた部下も数名いたのです。その部下たちが「なんだ、渕脇って前評判はすごかったけど、全然ダメじゃないか。使えないな」などと陰口を言われてバカにされていたのです。自分が言われるだけならともかく、部下にまで情けない思いをさせている……。それを聞いて、本当に悔しく、自分のふがいなさに対する怒りで震える思いでした。

ところが、ある偶然のきっかけで自分を変えるヒントを得ることができました。それは、B社の元同僚の言葉です。

元同僚の言葉をヒントに開眼。「安定の渕脇」へ

元同僚は、B社を辞めて小金井付近で生命保険の営業をしていました。自転車で移動し

ていたところ、本当にたまたま、プロモーション会場付近でチラシを配っていた私に気づいてくれたのです。

リブ太郎のプリントが入った上着を着ている私を見て、同僚は「お前似合わないよ、この仕事」と言いました。「だって、全然違うじゃん、お前のスタイルと」と。私が「なんで？」とたずねると、「お前は人に頼る仕事はダメだろう。全部自分でやってきて、人になにか助けてもらうって気持ちがないじゃないか。全然違うじゃん」と指摘されました。

それを聞いて私は「そういうことか！」と、まさに腑に落ちたのです。

前職では、会社から「マネージャーは泥くさい仕事をしているところを部下に見せるな。かっこ悪い姿を見せるな」と言われていました。それはマネージャーという存在が、部下の「憧れ」となるようにという会社の方針です。そこで私も、始業前や終業後、休み時間などに公衆電話からお客様に必死に電話をして、就業時間中は涼しい顔で新聞を読んでいたりしたのです。また、会社での出世にも興味なく、自分の腕だけで売って、一人で突き抜けた営業マンになってやるという独立独歩の気概もありました。

そういう前職での姿勢、クセみたいなものが、ココロカのプロモーション会場では裏目に出ていることに、元同僚の言葉で気づかされたのです。「そうか。泥くさく、お客様に頼って、助けてもらいながらやればいいんだ……」と。

第3章で触れたように、ココロカのプロモーション会場では常連さんに助けてもらわなければ大きな成功は望めません。ところが、私は自分の弱みを見せたくないという気持ちから、せっかくできた常連さんに自分から助けを求めるようなことはできなかったのです。勘違いしたプライドが、それを邪魔していました。

元同僚の言葉でヒントを得た私は、入社後3件目の担当となる山口県のプロモーション会場では、一気に700人以上のお客様を集客できました。突然の集客増加に、なにか不正でも働いているのではないかと疑ったマネージャーが、わざわざ現場に様子を見に来たくらいです（まだ会場モニタリングシステムは導入されていませんでした）。

当時、500人を超えたらアシスタントを二名つけて三人体制でやるのが普通だったのですが、今までの実績から私にアシスタントはついていません。興奮しすぎて会場で鼻血を出しながら、なんとか一人でそのプロモーションを運営し、80台以上を売ることができました。

以後、約5年間アドバイザーを続けましたが、常に安定して100台前後、悪くても60台の販売は確保できる実績を残すことができ「安定の渕脇」というあだ名をつけられました。

6年間のアドバイザー業務のあと、研修業務で新人を育てる

2006年に、前社長から管理職として内勤の仕事をするように命じられました。「お前も40歳過ぎだし、現場はもういいだろう。それよりマネージャーになってアドバイザーの管理をしてくれ」というわけです。

私は、アドバイザーという仕事が好きなので現場を続けたかったですし、マネージャーはやりたくないと思っていました。今でもその傾向はありますが、当時は今以上にアドバイザーは、よくいえば個性的、悪くいえばわがままでクセの強い人が多くいました。そのため、私は正直、他のアドバイザーたちとは付き合いたくないと思っており、他のアドバイザーと食事をしたり、飲みに行ったりすることも一切ありませんでした。そんな私にアドバイザーの管理ができるとは思いません。マネージャーになったら会社に貢献できる自信もありません。そう言ってお断りしました。

しかし、前社長はわざわざ地方のプロモーション会場まで来て、執拗に依頼します。堪《こた》えたのは「自分だけそんなに金を稼いで楽しいか」と言われたことです。私は営業の仕事が好きで、その世界で一流になりたいとは思っていましたが、それはお金のためではあり

ません。あくまで仕事を極めたいという気持ちです。ココロカに転職したとき、初代社長はそれをよく理解してくださり、なにかにつけて「渕脇は金じゃないからな。変わってるよ」と言っていたものです。前社長はそれを知っていて、わざとそう言ったのかもしれません。

「そうではありません」「じゃあどうしてだ?」といったやり取りを何度か繰り返しているうちに、「なんでも好きなポジションに就いていいから、中に入れ」と言われて、私も少し考えが変わってきました。

私は一流の営業マンになりたいと思い、3回目のプロモーション以降は、安定した売上数字を上げて、それなりに会社に貢献をしてきたと自負しています。しかし結局、ナンバーワン、本当のトップアドバイザーにはなれませんでした。それなら、若手を自分の手で育てて、トップアドバイザーを作る立場になるのも面白いかもしれないと考えるようになったのです。

私が入社した当時の社風は先に書いた通りですが、その2年くらいあとから、ココロカでも新卒社員の採用をするようになっていました。しかし、きちんとした研修や教育のシステムがないので、早期退職率が非常に高かったのです。一度は外部の業者に依頼して研修マニュアルを作りましたが、あまり使えるものではありませんでした。

私は、その状況はなんとかしなければならないと感じてもいました。そこで、「では、研修課を作ってください」と頼みました。

そうして2006年に研修課が設けられ、初代主任として私が就任しました。そして、ここから少しずつ社内改革に着手していきます。

採用やマネージャー業務も担当するように

当時のココロカは退職率が高いだけでなく、採用した社員に少しでも見込みがないと辞めさせてしまうことすらありました。

しかし私は、研修にたずさわるようになって、たいていの社員は長い目で見てその人にあった教育をしていけば、いずれはきちんと会社に貢献してくれる人材になると考えていましたので、その方針に反対しました。それに、もし本当に、「箸にも棒にもかからない」ような社員がたくさん入社しているのだとしたら、採用担当者の目は節穴なのか、という責任が問われなければならないでしょう。

それで「採用のほうも見させてください」と言って、研修だけではなく採用にもかかわるようになりました。採用段階で応募者をきちんと見極めて選別するようになり、会社も応募者も互いに無駄なお金や時間を使うことが減りました。

また、当時退職率が高かったもう一つの理由として、指導者とアシスタントアドバイザーとのミスマッチの問題がありました。第4章でも述べたように、研修生を経てアシスタントになった人が、その後にアドバイザーとして成長できるか否か、さらにいえばココロカで仕事を続けられるかどうかを決める要素として、上につくアドバイザーとの相性が非常に重要です。この点は、今も昔も変わりません。先輩アドバイザーとのミスマッチによる退職を防ぐためには、互いの個性にあった相性の良いマッチングをしなければなりません。

私が研修をして指導をしてきた研修生の個性はよくわかっています。しかし、もう一方の先輩アドバイザーたちの個性もわからなければ、相性の良いマッチングをすることはできません。

そこで、各アドバイザーにも深くかかわり、そのプロモーションタイプや指導方法タイプなどを把握しなければならなくなりました。つまり、あれほど嫌だった、アドバイザーとかかわるマネージャー業務もやらざるを得なくなってしまったのです。

こうして私はだんだんとココロカの経営の根幹にかかわるようになっていき、2011

年には営業部プロモーション統括課課長、翌2012年にはプロモーション推進部部長となりました。その過程で、前社長からは「面倒なアドバイザーたちは、渕脇、お前が全部面倒を見ろ」と命じられます。最初に内勤になれと言われたときの話からすると半分だまされたようなものですが、仕方ありません。

ココロカへの感謝から、3代目社長へ就任

部長となり、経営会議にも出席するようになった当初、そこから先のことはまったく考えていませんでした。しかし、あるときそれを意識する出来事が起こります。

当時のトップアドバイザーだったTさんが結婚して退職をすることになり、経営陣のところに退職挨拶に来たとき、Tさんが「社長、次の社長は渕脇さんですよ。私は渕脇さんじゃなきゃココロカはダメだと思います」と前社長に言ったのです。

私はびっくりしましたが、前社長にはすでに腹積りがあったのかもしれません。そのあとで「聞いたか、渕脇。Tがああやって言ってるんだから、お前もその辺を考えておけよ」と言われました。

実際に社長になるかどうかは別として、仕事の内容や質という面ではかなり経営的な部分までタッチする仕事をしていたのは事実です。というのも、内勤になる前は、アドバイザーこそが会社に貢献する仕事だと思っていました。そして、アドバイザーという仕事に関しては、自分はトップではないにしろ一定の成果は出し続けており、会社にも大いに貢献しているというプライドがありました。その一方では、他のアドバイザーとはかかわりたくないとか、食事も一緒にしないとか、変に突っ張っており、営業成績は優秀だったかもしれませんが、社会人としての人間性という点では、欠落する部分も多々あったと思います。今から思えば、ある意味「天狗」になっていたのでしょう。

内勤の仕事をするようになって、その役割以上の仕事をしなければ会社には貢献できないと考えました。主任のときには課長レベルの仕事をして、課長のときは部長レベル、そして部長になったら取締役とか社長レベルの仕事をしているつもりでした。そのなかでは、会社のために良いことだと思えば、いいにくいことでも、上司に意見しなければならないこともあります。意見をするためには根拠や背景が必要ですから、勉強もしなければなりません。経営の本をたくさん読んだり、セミナーに通ったりして勉強をしました。

そういった過程を通じて、だんだんまともな社会人になっていけたのではないかと思っています。そしてそのようにして自分を育ててくれたココロカに大いに感謝していましたし、仕事を通じて恩返しをしなければならないとも考えていました。

ですから、部長になった翌年の2013年に、前社長から社長就任を依頼されたときには、最初は固辞したものの、「お前がやらないと会社は潰れるぞ」と言われ続けているうちに、大好きなコロカを、決して潰すわけにはいかないとの思いから、最終的には拝命を決意したのです。

なお、最初社長を固辞した理由の一つには、経営の仕事が少なくとも営業の仕事よりは好きではなかったということがあります。しかしどうやら「好き」と「向く」とは違うようで、やってみるとこの仕事は意外と自分に向いているなと感じるようになりました。

もう一つの理由は、妻が大反対していたことです。妻は、やるとなったら徹底的にやらなければ気が済まない私の性格を十分に知っているため、部長になるときでさえ、私の健康を案じて反対していました。まして社長に就任したら、それまでにも激務で疲労していた私が、健康を害するまで仕事をしてしまうに違いないと考えていたのです。そのため、実は社長に就任したあとも、そのことはしばらく妻には内緒にしていました。

しかし、当然ながら長くは隠しておけず、あるときにそれはばれましたが、結局私のコロカに対する感謝や、社員たちへの気持ちを理解してくれて、その後は会社の仕事を手伝ってくれるようになりました。私たち夫婦には子どもがいないので、よく「社員たちが子どもみたいなものだよね」と言っては、社員の面倒を見てくれるようになったのです。もしかしたら、逆に私たちが社員の皆に面倒を見てもらっているのが実態かもしれませんが（笑）。

今では、社員にも妻にも「私は家庭に仕事を持ち込む人間だけれども、職場に家庭も持ち込むから」と冗談めかして話しています。

コミッション制度改革をはじめ、社内制度改革に着手

私がココロカの3代目社長に就任した2013年ごろは、いろいろな事情があって、ココロカの経営はかなり危険な状況になっていました。前社長が「お前がやらないと会社は潰れるぞ」と言ったのは、大げさな表現ではなく、もしかしたら会社が潰れるかもしれないという現実的な危機感を私は感じていましたし、「なんとしてもココロカを残さなければ」という使命感に満ちていました。

そこで社長に就任した私は、さまざまな社内改革に着手しました。

最初にはじめたのがコミッション制度の改革です。簡単に言うと、コミッションが支給される基準となる売上金額を引き下げたのです。数字は仮ですが、例えば3カ月のプロモーションで以前は３０００万円の売上からコミッションが支給されていたのを、１０００万円の売上から支給されるようにしたイメージです。さらにコミッションの金額を細かく区分するなどの調整をしました。

それまで、コミッション支給基準の売上に達しないアドバイザーは一人前ではない、会社の「扶養家族」であるかのようにいわれていました。その状態が少し続くと、居づらくなって辞めてしまうアドバイザーが多かったのです。これはとてももったいないことです。

そこで、基準を大幅に引き下げて、少しがんばればだれでも手が届くレベルにしたことにより、ほとんどのアドバイザーが「扶養家族」ではなく会社に貢献しているという実感、成功体験を得られるようにしました。この施策によってアドバイザーのモチベーションが向上し、退職者の減少につながりました。

また、リーダーの他にサブリーダーというポジションを新たに用意して、リーダー教育の制度を整えるとともに、手当面などの拡充も図りました。

しかし、コミッションの支給基準を引き下げたり手当を増やしたりすれば、当然ながら給与の支払総額は増えます。そこで、もう一方では、各種管理費や現地費用を細かいところまで見直して、給与以外の販管費全体の圧縮を図りました。こちらの改革については、社内の全員が非常に協力してくれて、ここが減らせるだろうとか、あれはいらないなどのアイディアを出し合ってくれたことにより、やはり大きな成果を出すことができました。

他にも、新卒採用の拡充や、研修マニュアル、業務マニュアルの整備など、さまざまな社内改革を進めました。

こうして、ココロカ再生への地盤は少しずつ固まっていったものの、その後、会社が順風満帆に進んだかというと、そうは問屋が卸しませんでした。

社内の裏切りを乗り越えて、V字回復へ

小さい会社というのは、調子良く伸びている時期は容易に一致団結して進めるものですが、苦しい状態のときや経営に大きな変化があったときなどは、いろいろな動きをする人間が出てくるものです。なかには、自分の利益だけを考えて会社を裏切るような行動をする者も現れます。有名企業であればそれが表面に出ると、いわゆる「お家騒動」として新聞紙面や週刊誌を賑わせることになるわけです。

ココロカでも、正直に申し上げますと、私が社長に就任してから社内でいくつかの不穏な動きがあったことは事実です。たくさんの役員や社員がいれば、私が社長になったことを良く思わない者や出し抜こうとする者も出てきます。

その詳細をここでいちいち述べるつもりはありませんが、ただでさえ経営不振の危機を立て直す苦労があったうえに、社内で信頼していた人間の裏切り行為に直面したときには本当に疲弊しました。会社のためにとやってきたことが理解されない辛さに、「もう辞めてもいいかな」とさえ思いました。

そのときに踏ん張れたのは、妻のおかげです。

妻は仕事に口を出すことは一切ないのですが、おそらくそのときは私の雰囲気があまりにも普段と違って見えたのでしょう。夜、寝る前に「辞めてもいいけど、嫌になって辞めるのはどうかな」と言い出したのです。私はなにも話していないのですから、「えっ」と思いましたが、妻は続けて言いました。「そうじゃないよね。会社をいい形にしてだれかに引き継ぐためにがんばってきたんだから、辞めたいからって辞めるのは、違うんじゃないかな」と、静かに、ひとり言のように言うのです。

私は妻の心遣いに感謝し、「もうちょっとがんばってみようか」と思い直して、徐々に社内での反撃を開始していったのです。

そのときに応援してくれたのが、営業部にいたマネージャーやアドバイザーたちです。彼・彼女たちが、「渕脇社長じゃないと嫌だ」と言って立ち上がり、声を上げてくれたのです。今の私があるのは、このとき私を信じてついてきてくれたアドバイザーを中心とした社員と、妻のおかげです。本当に心から感謝しかありません。

そうして続けた経営改革が実を結び、ココロカの業績が急回復したのは、私が社長に就任してから3年後の年度からでした。

第5章

健康産業ナンバー1であり
社員幸福度ナンバー1の会社へ

ココロカ第2の創業期。目標は株式上場

さまざまなトラブルを乗り越え現場のアドバイザーや残ってくれた社員たちが私を支援し、社内改革に協力してくれたため、社長就任の3年後から、ココロカの業績は急回復しました。現在では、ココロカの30年の歴史における「第2の創業期」とも呼べるような右肩上がりの成長軌道を駆け上っています。

第4章の最初に述べたように、4年前の売上見込みから1・6倍の増収を達成しました。

そして、この勢いは今後さらに加速していくものと私は確信しています。

それは、ココロカの事業における核であり、ココロカの本質ともいえる、「お客様から信頼を得られるアドバイザー」がどんどん育ち、増えているためです。

昔、私が社長に就任する以前は、先代社長がカリスマアドバイザーとしての強い影響力を持っていました。先代社長は100年に一人しか現れない天才営業マンと呼ばれており、当時のココロカのトップアドバイザーは皆先代の教えを受けた人たちでした。私自身、プロモーションの具体的なやり方はすべて先代社長から教わっています。

しかし現在では、私が研修課の主任になってから入社して「自分はすべて渕脇社長に教

わった」という成績優秀なアドバイザーが増えています。そのなかには、「あいつは売れないからクビにしろ」と名指しされた人もいます。そういう人が残って、成績優秀なアドバイザーとして活躍してくれているのを見るにつけ「自分のやり方は間違っていなかった。これで良かった」という思いを強くします。

退職率が激減し、多くのアドバイザーが安心して長く働ける会社だからこそ、お客様の信頼を得ることができ、売上が伸長して会社が成長し、そのことがまた優秀な人材を呼び込んでいく……。その好循環が、現在のココロカにおける業績上昇の推進力となっています。

では、その上昇のさらに先に、なにを目指すのか。

私は、一つの大きな目標として、株式上場（IPO）を考えています。

もちろん、株式を公開してもしなくても、ココロカのビジネスの本質はなんら変わることはありません。しかし、会社の知名度や社会的な信用度は格段に上がります。社員が、どこでも、だれにでも自慢できる会社になるはずです。そのことが、苦しい時期に私を支えて、私を信じてついてきてくれた社員たちへの最大の恩返しになると考えています。もちろん、ストックオプションなどの方法により経済的なメリットを提供できることも可能性としてあります。

何年後に上場という具体的なロードマップを詰めるのはこれからですが、会計監査の実施や内部統制の推進、コンプライアンスの徹底など、上場水準の企業となるための準備を、着実に進めていくつもりです。

新たな市場領域、事業分野の開拓

現在、ココロカでは、ほぼ高電位治療器事業だけで、売上高が19億5000万円です。中期計画において、これを5年後には32億円程度まで拡大させることを目指しています。

そのためには、これまでのプロモーション会場での販売だけではない、新たな市場領域や販売方法の開拓が必要になるでしょう。

さらに、長期的なビジョンとしては、第2、第3の事業の柱を早期に打ち立て、新たな事業分野への進出による成長戦略を描いていく必要があります。

もちろん「健康」という企業理念の軸は変わりませんが、長期的には高電位治療器の製造・販売会社から、総合健康産業へと転換を図らなければならないと考えています。

そのため、昨年には新たに「新規事業室」を設け、兼任にはなりますが担当者もおいて、アライアンスやオープンイノベーションを中心とした、新しい事業領域の開発に取り組んでいます。今まではほぼ高電位治療器1本でやってきたココロカにおいて、新規事業開発の専門部署ができたのははじめてのことです。

市場領域の拡大という点においては、国内の高齢者施設や障害者施設との提携も検討中です。第1章でも触れたように、高齢化が進む中での健康寿命の延伸は国家的な課題でもあります。1日でも長く健康な日々を過ごすために、高電位治療器がサポートできることは多いと感じています。そのため、行政との連携も模索しながら、高齢者施設や障害者施設での利用普及を目指しています。

また、スポーツ業界でも、これまで長く協力させてもらってきた日本レスリング協会や、バスケットボールのBリーグだけではなく、さらに多くの種目でスポーツ選手のフィジカルケアとパフォーマンス向上のお役に立てるよう、いくつかの協会やスポーツ用品メーカーなどとの提携を進めています。

事業分野の開拓という点では、例えば、サプリメント事業の拡充に取り組んでいます。サプリメント事業自体は、すでにブランドを作り、もろみ酢やローヤルゼリー・コラーゲン、ブルーベリーエキスなどの商品を展開してきました。

ここに新しく、エラスチンという大型商品の投入を考えています。エラスチンは、九州工科大学が中心となって開発された最新のサプリメント素材です。もともと体内のたんぱく質で、皮膚の伸び縮みや、臓器の活動、肌のハリなどあらゆる生命活動にかかわる大切な栄養素です。この開発メーカーとのアライアンスによる、新しいサプリメント事業の展開を考えています。

サプリメント事業は、それ自体における収益の他、顧客接点の多様化や長期化によるLTV（ライフタイムバリュー：顧客生涯価値）の向上など、高電位治療器とのシナジーも期待できます。

また、早々に実現を考えているのが、一般社団法人五感セラピー協会様とのアライアンスによる、ストレスケア・セラピー業界への進出です。

ストレス社会である現代では、ストレスケアやセラピーへの需要は増加していく一方です。五感セラピー協会様は、その分野の専門家として確固たる地位を築いています。そして、私たちの高電位治療器によるリラックス効果などが、ストレス解消に大いに役立ちます。五感セラピー協会様において、私たちの高電位治療器をご活用いただくことで、互いのメリットを活かした新たな価値の創造が可能になるでしょう。

このアライアンス事業においては新たに専用高電位治療器の開発も進めています。一種のOEM生産のような形で、これまでの製品ラインに加えた新しい製品ラインを用意して、市場の拡大を図ります。

さらに、五感セラピー協会様との事業や海外展開も視野に入れた取り組みを行っています。

長期的に見ると国内市場は人口減少による需要の減少が予想されますが、海外に目を向ければ未開拓の市場が広がっています。中長期的な可能性の一つとして、海外展開の全面化も考えられ、その足がかりとなることを期待しています。

ココロカを広めることで世の中を幸せにしていく

「ココロカの常識は世の中の非常識、世の中の常識はココロカの非常識」

これが私たちの社内モットーです。世の中の常識にとらわれていては非常識な成功はできません。そのため、製品作りから、営業、販売、そして、社内の組織や人事制度まで、常に世の中や業界の常識を打ち破ってきました。それは、常識を打ち破ることを目的としていたわけではなく、お客様の健康をサポートし、社員が誇りとやりがいを感じられる仕事をしていこうと考えたときに、自然とそうなっていくからです。

その意味で、私の非常識な「夢」としては、「ココロカタウン」のような街が実現できれば素晴らしいと思います。横浜の中華街に中華をテーマにしたさまざまな店があるように、ココロカタウンでは、常設店のココロカスマイルプラザをはじめ、ココロカ食料品店、ココロカスポーツジム、ココロカ不動産、ココロカ酒店など、多くのココロカブランドのお店が並んでいます。もちろんすべてのお店は「健康」を軸として、お客様のウエルネスの増大を目指します。

そんな街ができ、ココロカが、全国のだれからも名前を知られているような企業グループになったとき、日本人の健康に対する意識もまた大きく変わってくると思います。

私たちのスマイルプラザでは、今でも、治療器を買うことが後ろめたいとか、周りからお金が余っているんじゃないかと思われるのが嫌だといって、会場でみんなの前で申し込みをしたくないというお客様が、少なからずいらっしゃいます。そういう方は、スマイルプラザが閉店になったあとに、人目をはばかるようにアドバイザーのところにきて、購入を申し出てこられます。

私は、高電位治療器は、そんな後ろめたさを感じるような商品ではもちろんないし、そんな買い方をしなければならないという〝世間の常識〟があるのなら、その常識のほうが間違っていると思います。

自らの健康の維持に投資して健康寿命を延ばしていこうと考える人が増えることは、国の医療費抑制にもつながり、社会全体の幸福につながることです。賞賛されることこそあれ、非難されるようなことでは決してありません。

高電位治療器をはじめ、ココロカの商品を買ってくださったお客様が周りから「素晴らしいね」とたたえられてハッピーになる。それを販売したアドバイザーも「売ってくれてありがとう」と感謝されてハッピーになる。

ココロカがそんな会社になり、ひいてはココロカをきっかけにしてそんな社会が実現するよう、私たちはこれからもチャレンジを続けていきます。

おわりに

私がココロカに入社してから20年、3代目の社長として会社を任されてから7年です。思えばあっという間でした。

営業職という点においては、多少の実績も自信もあった自分が35歳でココロカに転職し、最初のプロモーション会場ではまったく成果が出せずボロボロになったことも、今ではいい思い出です。

入社当時にマネージャーから、「ココロカのアドバイザーの仕事は、他社で実績を上げていた人ほど、最初はうまくいかないんだよ」と聞かされました。私は「そんなバカなことがあるものか」と内心思ったものです。しかしそれは本当のことでした。

泥まみれ、汗まみれになって必死で努力し、ときにはお客様に助けていただきながら自分の人間性の本質を評価していただくというアドバイザーの仕事には、どうしても過去の実績や、それによるプライドが邪魔をしてしまうからです。

しかし、お客様から本当の信頼を得るためには、過去の実績やプライド、ましてや小手先の営業テクニックなど、なんの役にも立ちません。一人の人間としてお客様と真剣に相対して、本当にお客様のためになろうという気持ちで行動することこそが、お客様から信頼を得るための唯一の方法だということを私はココロカでの仕事を通じて学びました。

人間同士の信頼こそが、もっとも強い武器になると気づかせてくれた、アドバイザーの仕事には本当に感謝しています。

そしてその後も、社会人としてはどこか欠落があった自分をまっとうな社会人に育ててくれたのも、ココロカでの仕事でした。

私は社長になってからの7年間、危機にあった会社を存続させ盛り上げることで、その恩返しをしようと考え、がむしゃらに働いてきました。

その道は、まだまだ半ばですが、一定の軌道には乗せることができ、将来への明るい展望も開けています。

これもすべて、ココロカの理念に共感していただき、製品の購入を通じてココロカを支えてくださった6万人のお客様、そして、苦しいときも私を信じてついてきてくれた社員たちのおかげです。心から感謝するとともに、今後ますますココロカを発展させ、健康という理念を世の中に広めていくことでその恩義に応えていきたいと、一層奮起しています。

また、この場をお借りして、今回の出版を後押ししてくださった幻冬舎メディアコンサルティングの皆様にも心より感謝申し上げます。

そして最後に、一度決意したことは絶対にとことんまで突き詰めずには気が済まない私の困った性格を理解し、いつも健康を案じて、ときには厳しくときには温かい言葉で支えてくれた妻に、最大の感謝を捧げます。ありがとう。

2020年7月

ココロカ株式会社代表取締役社長　渕脇正勝

〈著者紹介〉

渕脇　正勝（ふちわき・まさかつ）

1964年、東京都生まれ。1986年、日本工業大学システム工学科を卒業後、OA機器販売会社の営業や、教育関連企業の広報などを経験し、トップ成績を収める。その後、2000年にココロカ株式会社に入社。アドバイザーとして営業現場の第一線に立ったのち、マネージャーとして人材育成を担う研修課の新設などに尽力。2013年11月に代表取締役社長に就任し、現在に至る。

本書についての
ご意見・ご感想は
コチラ

なぜ、100万円《まんえん》の治療器《ちりょうき》が飛《と》ぶように売《う》れるのか？

熱狂的《ねっきょうてき》ファンを生《う》み出《だ》す「ココロカ」の秘密《ひみつ》

2020年７月22日　第１刷発行

著　者　　渕脇正勝
発行人　　久保田貴幸

発行元　　株式会社 幻冬舎メディアコンサルティング
〒151-0051　東京都渋谷区千駄ヶ谷4-9-7
電話　03-5411-6440（編集）

発売元　　株式会社 幻冬舎
〒151-0051　東京都渋谷区千駄ヶ谷4-9-7
電話　03-5411-6222（営業）

印刷・製本　瞬報社写真印刷株式会社
装　丁　　鈴木未来

検印廃止

Printed in Japan
ISBN 978-4-344-92940-1 C0034
幻冬舎メディアコンサルティングHP
http://www.gentosha-mc.com/